身心灵魔力书系——特质

创新力

刘彬彬 / 著

江山代有才人出

年轻是最大的资本，
它的力量足以超越一切先前曾创下的神话

中国出版集团　现代出版社

图书在版编目(CIP)数据

创新力:江山代有才人出 / 刘彬彬著. —北京:现代出版社,2013.11
(2021.3 重印)

(身心灵魔力书系)

ISBN 978 - 7 - 5143 - 1830 - 2

Ⅰ.①创… Ⅱ.①刘… Ⅲ.①创造能力 - 能力培养 - 青年读物
②创造能力 - 能力培养 - 少年读物 Ⅳ.①G305 - 49

中国版本图书馆 CIP 数据核字(2013)第 273546 号

作　　　者	刘彬彬
责任编辑	刘春荣
出版发行	现代出版社
通讯地址	北京市安定门外安华里 504 号
邮政编码	100011
电　　　话	010 - 64267325 64245264(传真)
网　　　址	www.1980xd.com
电子邮箱	xiandai@cnpitc.com.cn
印　　　刷	河北飞鸿印刷有限责任公司
开　　　本	700mm × 1000mm　1/16
印　　　张	11
版　　　次	2013 年 11 月第 1 版　2021 年 3 月第 3 次印刷
书　　　号	ISBN 978 - 7 - 5143 - 1830 - 2
定　　　价	39.80 元

P 前言
REFACE

为什么当今时代的青少年拥有幸福的生活却依然感到不幸福、不快乐？怎样才能彻底摆脱日复一日地身心疲惫？怎样才能活得更真实快乐？

美国某大学的科研人员进行过一项有趣的心理学实验，名曰"伤痕实验"：每位志愿者都被安排在没有镜子的小房间里，由好莱坞的专业化妆师在其左脸做出一道血肉模糊、触目惊心的伤痕。志愿者被允许用一面小镜子看看化妆的效果后，镜子就被拿走了。

关键的是最后一步，化妆师表示需要在伤痕表面再涂一层粉末，以防止它被不小心擦掉。实际上，化妆师用纸巾偷偷抹掉了化妆的痕迹。对此毫不知情的志愿者被派往各医院的候诊室，他们的任务就是观察人们对其面部伤痕的反应。规定的时间到了，返回的志愿者竟无一例外地叙述了相同的感受——人们对他们比以往粗鲁无理、不友好，而且总是盯着他们的脸看！可实际上，他们的脸上与往常并无二致，什么也没有；他们之所以得出那样的结论，看来是错误的自我认知影响了判断。

这真是一个发人深省的实验。原来，一个人在内心怎样看待自己，在外界就能感受到怎样的眼光。同时，这个实验也从一个侧面验证了一句西方格言："别人是以你看待自己的方式看待你。"不是吗？一个从容的人，感受到的多是平和的眼光；一个自卑的人，感受到的多是歧视的眼光；一个和善的人，感受到的多是友好的眼光；一个叛逆的人，感受到的多是挑衅的眼光……可以说，有什么样的内心世界，就有什么样的外界眼光。

越是在喧嚣和困惑的环境中无所适从，我们就越会觉得快乐和宁静是何等的难能可贵。其实"心安处即自由乡"，善于调节内心是一种拯救自我的能力。当人们能够对自我有清醒认识，对他人能宽容友善，对生活无限热爱的时候，一个拥有强大的心灵力量的你将会更加自信而乐观地面对现实，面向未来。

本丛书将唤起青少年心底的觉察和智慧，给那些浮躁的心清凉解毒，进而帮助青少年创造身心健康的生活，来解除心理问题这一越来越成为影响青少年健康和正常学习、生活、社交的主要障碍。本丛书从心理问题的普遍性着手，分别描述了性格、情绪、压力、意志、人际交往、异常行为等方面容易出现的一些心理问题，并提出了具体实用的应对策略，以帮助青少年朋友科学调适身心，实现心理自助。

C目 录
ONTENTS

第三章　是什么羁绊着你的创新

第四章　该用什么样的心态创新

第五章　创新要有好方法

第一章 创新——价值的提升

没有创新就缺乏竞争力,没有创新也就没有价值的提升。

创新是一个民族的灵魂;创新是人类发展的不竭动力;创新是人类智慧的结晶;创新是一个团队凝聚力与创造力的具体表现。

创新是对精华的萃取;创新是对糟粕的摒弃;创新是新世纪腾飞的力翼。

一个人要想取得成功,有大的发展,就必须去创新,努力做到"人无我有,人有我新",只有这样,才能立于不败之地。

创新才能立于不败之地

或许，在几十年前，我们还常常能够听说某个大腹便便，不学无术的人在"老天"的眷顾之下，没有经过多少努力就腰缠万贯成了暴发户。

有一个年轻人非常聪明，大学毕业后他没去任何公司，而是决定自己创业，当时他没多少钱，况且都毕业了，更不好意思和家里伸手，算是白手起家。但他凭借着灵活的头脑，在短短几年内，就建成了自己的公司，而且发展稳定，运行良好。

他是怎样赚到自己人生的第一桶金的呢？

在开始的那一年，他几乎都在马不停蹄地找商机，灵感源于汗水这句话一点儿也不错，他终于打听到一个刚成立的厂子，制造了一大批收银机，厂长正在因为市场销售问题烦恼，他马上找到那个厂长，对他说："如果你愿意向我购买电子原料，我就订购你一批收银机。"老板一听，电子原料自己本身也用得上，而且自己正在为这一堆库存发愁呢，有人买，何乐而不为呢。

接着，他迅速跑到一家在不断建分店的超市，对一位部门经理说："如果你愿意买我的收银机，我就长期和您订购饮料和矿泉水！"

部门经理一听，可以啊，反正自己新开的超市也必须得用收银机！这买卖好，于是这位部门经理订购了一大批收银机。年轻人又跑到一家大型电子原料供应厂，找到负责人说："如果您能让我在这里销售饮料，我就向您订购一批电子原料。老板一听，让工厂里的人从外面买饮料改成到里面买饮料，用这个机会居然可以卖一批产品，这可真不错！"于是负责人点头答应了。

于是年轻人把电子原料卖给制造收银机的厂子，又把收银机卖到超市，垄断了电子原料厂的饮料零售市场。一箭多雕，不仅从几次"倒卖"中赚了一大笔钱，而且通过这次合作建立起了自己的事业根基。现在他的公司已经涉及电子产品、食品等，并且靠着不断地创新，公司业务也越来越多，从最初自己的单打独斗到现在手下已有一百多名员工。让人不得不佩服他那善于创新的头脑。

有句话说得好："改变你的想法，才能改变你的世界。" 跳出思维局限，天地才能宽广。只有这样善于、乐于又肯下功夫在平凡的小事中的冒出创新火花的人，才能在行业中取得出色的成绩和伟大的成功。

诗人江南春的创业之路总是被人津津乐道，这位靠着3厘米厚的液晶显示屏成为身价20亿元人民币的亿万富翁的传奇人物，正是靠着灵机一动的创新思维而发家的。

一次，江南春在等电梯的时候，注意到电梯门上贴着一张舒淇的海报，江南春非常喜欢舒淇，正想仔细地欣赏一下那张海报的时候，电梯来了。江南春不得不走进电梯，在电梯门关上的那一刹那，他突然迸发出一个灵感：有多少人像我一样，在这个封闭的空间里看不到自己想看的东西呢？这是人们不方便之处，可别人的麻烦就是我们的商机。而在等电梯的时候也是如此，大家都非常无聊，只能干瞪眼，这时候如果在电梯的壁上放个屏幕，播放点内容，肯定会有很高的"收视率"。

江南春没有迟疑，回到公司就开始动手操作，经过努力他成功地实践了自己当初的创意，如今在很多城市都可以看到江南春的楼宇电视广告，而江南春的公司现在也家喻户晓，成为传媒界的一朵奇葩，那就是分众传媒。

这的确是一个非常好的创意，对于等候电梯的人来说，楼宇广告使大家走出无聊；对于所投放的楼宇而言，能把地方充分利用起来，赚取不菲的收益；而对于广告客户而言，投放广告有针对性，而且因为"收视率"高，所以广告效应更好；对于江南春自己而言，他也得到了丰厚的利润回报。

不得不说的是在创业中给予江南春事业最大支持的软银（中国）前上海首席代表余蔚。在江南春最需要钱的时候，软银提供了1 000万美元的投资，使之能将新媒体业务迅速从上海扩展到了四个城市。余蔚说："很少有商业模型会在很短的时间内就开始赢利，这是我非常感兴趣的一点，这个项目最大的价值就在于它整个商业模型的独创性是其他人没有的，他有这样一个眼光和组织能力去发现这样一个平台，这是一个价值。所以我很快就有一个决定，我想投资这个项目。"他还说："1999年加入软银（中国）以来，这是我第一次主动拿钱去追逐一个项目。"

因此我们可以说,江南春之所以走到今天的辉煌,靠的就是独创性。所以,一个人要想取得成功,有大的发展,就必须去创新,努力做到"人无我有,人有我新"。只有这样,才会立于不败之地。

魔力悄悄话

在当今这个科技与知识引领的时代、公平竞争的时代,"天上掉馅饼"的机会恐怕越来越少了,有很多人想通过买彩票中大奖,但要知道中彩票发意外之财的机会也只是上百万上千万分之一,现实地来讲,我们绝大多数人要想有所成就,就必须通过自己的努力,而光努力也还是不够的,还必须要创新,要具备别人不具备的本领,只有这样,成功才会敲响你的大门。

创新则生，守旧则死

创新，不仅会对个人的发展产生重大的影响，对于企业的生存与发展更是有着至关重要的作用。

据统计，世界500强企业的平均寿命是40～50年，美国每年新生50万家企业，10年后仅剩4%，日本存活10年的企业比例也不超过18.3%，而中国大企业的平均寿命是8年左右，中小民营企业的平均寿命还不到3年。这是个很严酷的现实，没有哪个办企业的人愿意看到自己的企业只是昙花一现。但如果想让企业生存下去，就一定要把握住创新。

有的企业前期势头不错，刚发展到几千万元的资产，就要开始多元化经营，发展到几个亿，就想搞国际化，誓言几年之内进军500强。

当企业遇到困难或危机的时候，创新是令企业渡过难关的最有效方法。

美国商人里力在经营口香糖的初期，生意清淡，顾客稀少，仅有少许的儿童顾客。口香糖是不是没有赚钱赢利的商机呢？肯定不是。里力决定用智慧来创造商机，于是他找来一本电话簿，按照簿上的地址，给每个家庭免费寄去四块口香糖，他一口气寄了150万户，花费掉了600万块口香糖。此举令其他商人大惑不解。几天之后，这一别出心裁的策略奏效了，孩子们吃完赠送的口香糖后，都吵着还要再吃，于是里力的生意果然就好转了起来。不过紧接着，里力又使出了第二招——回收糖纸免费换取口香糖。这样孩子们为了多收集糖纸，动员大人也来吃口香糖。这样，大人和孩子都成了口香糖的顾客，很多人都爱上了里力的口香糖，成为日常生活消遣的方式之一。很快，口香糖就成了市场畅销的产品。

上面的故事讲的是创业初期，对新生事物的经营拓展所采取的创新办法；下面这个故事讲的是在激烈的竞争之中，如何用创新使事业有特色、出财富的故事。

一家新成立的减肥中心,自从开张以来几乎是门可罗雀。主要原因是这个市场的竞争实在是太激烈了,而且在资金不足的情况之下,又不能像大型减肥美容公司大做电视报纸广告,因此知名度不够,上门的客人自然也就少了。

这可把减肥中心的老板急坏了,每天花费一大笔钱却没赚回多少,眼瞅着口袋里的钱就被这冷清清的生意给吞掉了,这可怎么办啊?这天,她站在门口,盯着来来往往的路人,痛苦地想着难道自己辛辛苦苦张罗起来的减肥中心就要关门大吉了吗?

忽然,一个念头跳进了她的大脑,她眼睛一亮,就开始忙碌起来。

隔了两个星期,这座城市的多家报纸都刊登了一则广告:美美减肥,"胖人进去,瘦人出来!速度快,效果明显!本店郑重承诺,在美美减肥店你看不到一个胖人出来,欢迎每天都来印证,如果有胖人从大门走出来,本减肥中心赠奖金5万元。"

当然,这个广告不仅被刊登在报纸上,还被印在传单上四处发。这个广告吸引了很多人,好奇的,真心想减肥的,"美美"一下子门庭若市。果然,每日由大门走出来的都是瘦人,见不到一个胖的。

有些想找碴的人特意找了几个胖人,想:"哼!让这些人进去,再马上走出来,看你怎么说!"但还是没有一个胖人出来,这是怎么回事呢,人们暗暗纳闷。

其实非常简单,玄机就在出口那里,聪明的女老板把大门改装成两个不同的出入口。在外面看,两个出入口大小形状都一样,但是在出口的内层,加装了两道粗钢管,如果你想要出去,就必须侧身从两道钢管中间穿过去,才能到达出口的大门。在两道钢管的中间只能容纳一个侧过身的瘦人穿过去,胖人如果不想成为"卡门"就要乖乖地从减肥中心后面的小门走出去。

美美减肥中心的生意火了,女老板美美地赚了一大笔,说到成功的原因,无外乎:一个是好奇的群众来助长了声势;二是人们在门口看不到胖人,就好奇地进到店里面,当他想出来时,能出来的瘦人自然是开心地出来了,那些不能出来的胖人再一次加深认识:我该减肥了,在这种情况下,宣传人员绘声绘色的解说显得就更有效果了。当然,最重要的还是女老板别出心裁的点子,据说这个新奇的点子引来了多家媒体报道,也给这个减肥中心做了免费的广告。

在这个商品同质化现象严重、各行业基本饱和的市场环境里,可以用一句老话解释这个时代是"酒香也怕巷子深"的时代。传统守旧的经营策略已经行不通了,正像这个减肥中心,如果它一味地因循守旧,而没有采用创新思路来宣传自己的话,很明显,它是无法生存和发展下去的。这个道理同样适用于其他任何一个中小企业也包括大企业,如果不能够保证企业持久的创新力和竞争力,就很可能被淘汰。

魔力悄悄话

"智慧就是财富",机会无处不在,无处不有,就看你有没有智慧去发掘它。开动脑筋开启创新式的经营之道能使企业转危为安,扭亏为盈。

创新是对现状的突破

创新的根本是突破。创新不是对过去的简单重复和再现,它没有现成的经验可借鉴,也没有现成的方法可套用,它是在没有任何经验的情况下努力探索的结果,其目标是为未来开辟一条新路。所以说,创新力是一种对现状的突破力。

古代人穿的衣服上的扣子不仅多,而且难扣,这对在农业时代有大量多余时间的人来说没什么;而对工业化时代,尤其是快速运作的信息化时代的人来说,就显得有些累赘了。

扣子的问题急需改进,于是有人开始思索着寻求突破和改变了。

1893 年,美国芝加哥市有个叫贾德森的工程师,他嫌穿鞋时系鞋带麻烦,就在两条布边上镶嵌一个个门形的金属粒子,再利用一个两端开口、前大后小的元件,让它骑在金属牙上,通过它的滑动使两边的金属牙啮合在一起,从而发明了"滑动系牢物"。人们把这一发明叫"可移动的扣子"。但是,贾德森发明的可移动的扣子存在着一些严重的缺点,如闭合不妥帖,易自动爆开,故用途不大。

20 年后,瑞典工程师纳逊德在贾德森的基础上进行突破,经过不断创新和改进,终于使正式的"拉链"诞生了。拉链很快在世界上广泛流行起来。衣裤、背包、裙子、鞋子、枕套、沙发垫、公文包、笔记本……众多物品都用上了拉链。詹金斯医生还发明了"皮肤拉链缝合术"。今天,拉链的用途还在进一步扩展。

没有改变就不会有进步,没有对现状的突破也就谈不上创新力的发挥。创新的过程就是不断地突破一个又一个难关的过程。

假如公司陷入困局,作为公司的一员,是被动待命,还是主动请缨? 相信一个不墨守成规、敢于突破常规的员工一定会调动所有的创新潜能,积极思考、出谋划策,帮助公司摆脱困境,突破现状。这种善于在工作中创新的人往往能独当一面,给企业带来无限生机。

富有创新精神的人都是不安于现状的人,他们敢于冒着风险和压力冲破层层障碍。当他们突破现状,取得创新的胜利时,他们的人生才会熠熠生辉;他们所供职的企业才会独占鳌头,成为市场的佼佼者。

魔力悄悄话

通常情况下,人们按照自己的常规思路,经历了千万次的试验,可能也没有取得成功,而有时候在某一方面作出某些改变,反而轻易取得了成功,其原因就是这些改变当中包含着意想不到的创造性。因此,当你处于"山重水复疑无路"的境况时,不妨试着勇于打破常规,突破现状,这样很有可能会"柳暗花明又一村"。

创新力是不走寻常路的魄力

一个哲人曾经说过:**"你只要离开常走的大道,潜入森林,你就肯定会发现前所未有的东西。"**

不同寻常的想法,不同寻常的点子,不同寻常的技艺,不同寻常的眼光,不同寻常的招法……这些都体现了不走寻常路的魄力。这种魄力能给你带来创新的机会,因为创新力就是不走寻常路的魄力。

当人们开始厌倦那种单调的圆形或方形装饮料包装时,2001年8月,中国市场上出现了一种将河流、山川与海浪搬到新包装上的瓶嘴加大的小瓶装。其国际流行化的山水雕塑型设计蕴涵着清新、天然、健康的饮水文化,绿色的标签尽显天然之美。不少消费者"咕隆咕隆"喝完了还舍不得丢掉瓶子,反复把玩不已,令人爱不释手。这便是乐百氏奉献给消费者的又一杰作!新瓶子除了体现青山绿水的感觉与寓意外,消费者还惊喜地发现,新瓶子的瓶口加大了,以后可以畅快淋漓地喝到带冰的水了。

另外,标签上还有一个"发财"的秘密,那就是"有源相会"健康游促销信息。拿到这个瓶子,消费者就有可能得到时尚手表、多功能时尚彩照包、透明电话本、晶莹流动杯垫等礼品,甚至有机会免费畅游号称"人间仙境"的香格里拉,进行一次别开生面的健康游。

乐百氏新包装的创新之处在于:将喝水表达为喝一种艺术、喝一种时尚、喝一种健康、喝一种大自然的恩赐!赋予商品以文化气息,提高商品的品位,一个新瓶子、一个新点子,就能带来新的生机。乐百氏这种不走寻常路的魄力就是创新力。

成功需要创新,需要独辟蹊径,走别人没走过的路。只有这样,才能发现新的机会。

1962年,沃尔顿开设了第一家商店,名为沃尔·马特百货。1969年就发展至 18 家分店。到 1992 年沃尔顿去世时,他已将分店扩大到 1 735 家,年营业额达 400 亿美元。在很短的时间里,他所创立的公司就超过了美国的大商行凯马特公司和西尔斯公司,成为零售行业中当之无愧的龙头老大。

沃尔顿的成功秘诀很简单:他避开经济相对发达的地区和城市,主要在美国南部和西南部的农村地区开设超级市场,并把发展的重点放在城市的外围,等待向城市扩展。

他这一有着长远眼光的发展战略不但使其避开了创业之初与实力强劲的竞争对手的拼杀,而且独自开发了一个前景广阔的市场。最终,沃尔顿获得了令人难以置信的成功。

日本索尼公司创始人井深大和盛田昭夫,从一开始经营就立志于"率领时代新潮流",不落入一般企业的俗套。

有一次,井深大在日本广播公司看见一台美国造录音机,立即抢先买下了其专利权,随之生产出日本第一台录音机。产品投放市场后很受消费者欢迎。1952 年,美国研制成功"晶体管",井深大立即飞往美国进行考察,又果断地买下这项专利,回国后仅用数周时间便生产出第一支晶体管,销路大畅。当其他厂家也转向生产晶体管时,他又成功地生产出世界上第一批"袖珍晶体管收音机"。

这种"人无我有、人有我新"的创新魄力,使索尼的新产品总是以迅雷不及掩耳之势投放市场,赢得了巨大的经济效益。

这些成功人士的经历告诉我们:"只有走别人没走过的路,才能摘到最大、最甜的果子。"

魔力悄悄话

无论是创业还是经营人生,我们都要牢牢记住:随大流、一窝蜂是看不到风景的。只有不走寻常路,想众人所未想、行众人所未行,才能领先于他人,永远呼吸到最新鲜的空气。而只有拥有创新力的人,才会拥有这种不走寻常路的魄力。

创新力:超越的能力

有个人写了一首歌,但一直得不到赏识,无法发表。柯亨买下它,在它的基础上加了点东西,使无人问津的歌曲成为当时最风行的流行歌曲。他加上的东西仅仅是 3 个词:"HIP,HIP,HOORAY"(嗨!嗨!万岁!)。但就是这 3 个表示欢乐的词改变了这首歌曲的命运,柯亨小小的创新超越了原作者,取得了出乎意料的成功。

在贝尔之前,有许多人声称他们发明了电话。那些取得了优先专利权的人中,有格雷、爱迪生、多尔拜尔、麦克多那夫、万戴尔威和雷斯。其中,雷斯是唯一接近成功的人,而造成巨大差异的微小差别是一个单独的螺钉。

雷斯不知道,如果他把一个螺钉转动 1/4 周,把间歇电流转换为等幅电流,那么他早就成功了。

贝尔创造性地将螺钉转动 1/4 周,保持了电路畅通,并把间歇电流转换成了再生人类语言唯一的电流形式——等幅电流。雷斯没有坚持下去,即使他已经取得了很大的成功,但那还不是创新。而贝尔没有停止研究的步伐,超越再超越,结果创新了人类的通话方式。

所以,如果你站在成功的门槛上不能超越过去,那么就努力加上一点创新,突破原有的局限,这样便可实现超越。

我国民族汽车正是通过不断创新实现不断超越的。

2006 年 6 月 26 日,中国第一台自主品牌涡轮增压汽油发动机华晨 1.8T 在沈阳正式投产,华晨汽车再次成为业界关注的焦点。

中国民族汽车工业如何自主创新,自主品牌的强盛之路到底应该怎么走,这是一个曾经困扰中国汽车界多年的问题。

从诞生之日起就肩扛高起点自主创新大旗的华晨汽车,10 多年间的风雨坎坷一度让业内外对其战略路径充满怀疑甚至不乏种种责难。

时至今日,随着华晨尊驰、骏捷挟"品质革命"之利刃在中高级轿车市场上的强势崛起,"金杯"品牌在商务车市场连续10年以超过50%的份额几乎成为一个行业代名词。

金杯旗下的阁瑞斯在MPV领域发展迅猛,以及"国内一流,国际同步"1.8T发动机的横空出世,华晨汽车品质、品牌、技术的全面突破让一切争议变得无谓,诸种责难化为钦美。因为,自主之路没有捷径,高起点创新终将超越一切。在整车开发取得不断突破之后,华晨以非凡的魄力将创新的目光聚焦在少人问津的发动机领域,并锁定在最具挑战性的涡轮增压汽油发动机技术上。

中国的汽车产业要是没有核心技术,就要一辈子让别人掐着脖子,被别人左右。掌握不了最核心的发动机技术,民族汽车工业始终只能是浮华空论。发动机技术是制约中国汽车产业参与国际竞争的短板,华晨要做的,就是要用高起点自主创新来补上这个短板,让华晨汽车这个自主品牌装上中国人自己的涡轮发动机,成为真正'根正苗红'的自主品牌。

华晨的发动机研发起步就与世界同步。

它联手国际内燃机三大权威研发机构之一的德国FEV发动机技术公司。经过三年潜心砥砺,拥有独立知识产权的1.8T发动机于2006年6月26日正式投产。

华晨1.8T发动机的推出,改变了汽车"中国心"羸弱的历史,标志着中国汽车迎来了"强擎时代",开始与国际巨头争夺产业"制空权"。

不断创新、不断超越,敢于与国际巨头并驾齐驱,这就是华晨的成功之所在。

魔力悄悄话

创新缔造进步,创新成就超越。我们只有激流勇进、独辟蹊径,才能把创新力转化为超越能力,从而获得成功。

创新是 21 世纪的通行证

　　人类社会发展进步的历史就是不断创新的历史。人类学会了驾驭马匹以代替步行,当他们觉得马车仍不够快时,他们就幻想着能够像鸟一样自由地飞,于是就有了汽车,有了飞机。人类社会就在不断的创新中得到了飞速的发展。

　　人们从科学技术日益迅猛的发展进步中,越来越深切地感受和认识到创新的重要和可贵。有识之士提出了响亮的口号:"创新是 21 世纪的通行证。"说到创新,我们会想起牛顿,想起爱因斯坦,仿佛觉得创新就是这些人的专利。其实不然。创新无处不在,无时不在,只是我们往往会忽略它,感觉不到它的存在。尽管如此,我们每个人每天仍在有意无意、或多或少地进行着创新的思维和活动。

　　英国一位古稀老人在电视上看到主持人摊开地图介绍地球,他觉得这样很不方便,且不直观。于是,他着手发明地球仪。经过广告宣传,订单像雪片似的从世界各地飞来,一年的营业额高达千万英镑。

　　清洁剂工厂的老板迈克经过长期观察,发现使用清洁剂为厨房去污时,顾客所花费的精力不少,而效果却达不到最好。他一直想尝试做一些改进,却始终想不出有什么好的主意。一天,迈克看到妻子使用面膜清洁面部,忽然灵机一动:传统的清洁产品都是从"洗"的角度去污的,为什么不能从防污的角度来保持用具的干净呢? 根据这条思路,迈克的工厂研制出了一种新的清洁用品:只需将其均匀地喷在厨房用具表面,5 分钟后会自动形成一层透明的薄膜,它可以成功地阻挡灰尘和油污。当污物积累到一定程度时,只需揭下薄膜,轻轻松松就能达到清洗的效果。这种防污薄膜在清洁品市场上一炮打响,大受顾客青睐。

　　在中国,有一位橘子罐头厂的技术人员在逛市场时,发现鱼头比鱼身贵,鸡爪比鸡肉贵。由此,他想到厂里每年都要遗弃大量的橘子皮,是不是可以废物利用，创造新的价值呢？经过广泛的资料收集，他了解到橘皮中含有丰富的维生素，橘络中含有大量食物纤维，有理气消滞、增进食欲等功效。经过几个月的技术攻关，他成功地研制开发出了珍珠陈皮罐头，价格是橘子罐头的 10 余倍。

日本家庭妇女世绍嘉美贺用洗衣机时常常遇到棉絮之类讨厌的东西，她没有停留在只唠叨而不解决问题这个层次，而是设法动手解决它。她联想到孩提时在家乡捕蜻蜓和小鱼用的网兜，从这里起步，她 3 年中做了无数个小网反复试验，最后发明了洗衣机的"吸毛器"。这种产品投入市场后，大受欢迎。

有一个人在一家小酒店喝酒的时候，无意中看到一位客人正拿出一枚邮票想贴到信封上寄走。可是，他摸遍了衣服所有的口袋，才发现忘了带剪刀。犹豫片刻，他取下了别在西服领带上的一枚别针，在各邮票连接处刺了一行一行的小孔，很整齐地把邮票扯开了。这一幕给予这个人一个重大的启示。时隔不久，一种新的机械一邮票打孔机在他的实验室里被制造出来。从此以后，人们可以很方便地把每枚邮票分开，原因就在于邮票与邮票之间那些整齐的齿纹。这个人就是 19 世纪英国著名发明家亨利·阿察尔。

创新存在于我们每天的吃饭、走路、工作甚至是睡眠中。从现在起，不要再对身边的事情视若无睹，用我们高速运转的灵活头脑和睿智的眼光去主动地寻找机会吧！当有一天尘封在大脑深处的创意被激发时，我们一定要引导它，把它应用到实践中去，让创新无处不在，无时不在！让我们的创新思想永远处在"现在进行时态"。

魔力悄悄话

曾经有人说过："我不知道世界上是谁第一个发现了水，但肯定不是鱼。因为它一直生活在水中，所以始终无法感觉水的存在。"其实不只是鱼，人类也存在同样的问题。由于受到传统思维方式的限制，很多可以为我们所利用的创新源头一直在我们的身边，却被我们视而不见或盲目地排斥甚至堵住，遏制了创新本身的发展势头。

与众不同才能出奇制胜

早在远古时期人类就渴望创新,原始的神话和宗教中充满了许多神奇的创造故事。

古希腊神话中有个名叫雅典娜的智慧女神,据说她凭着自己的无限智慧教给人类进行各种创造发明的本领;我国古代亦有盘古手执双斧,按自己的构想创造出日月星辰、山川田地、草木金石的神话。

全球经济一体化、信息时代的到来,"知识爆炸",新的职业、新的技术以前所未有的速度不断产生,人类的思维方式、生活方式和工作方式也随之发生变化。无论是我们每个人,还是一个团体,在这个充满变化、日新月异的社会中都将面临生存的考验。

如何发展创新思维,将直接关系到我们的事业是"死"是"活",因为只有创新才能激活自己的潜在思维和才智,从而激活自己全身的能量。在今后的道路上,每个人都是投石问路者,或难或易,或明或暗,或悲或喜,仿佛不停地挣扎在一个个"陷阱"之中,因此我们要用有效的创新点击思维的火花,飞越生存的梦想。

谁要抓住创新思想,谁就会成为赢家,谁要拒绝创新的习惯,谁就会平庸!

在创新的社会,唯有与众不同才能出奇制胜,唯有独树一帜才能在竞争浪潮中立于不败之地。

在美国得克萨斯州的第二大城市达拉斯有一家小有名气的牛排店,名叫"肮脏牛排店"。

牛排店取名为"肮脏",岂不令人倒胃,谁还敢光顾?然而事实与人们的想象迥异,这家店的生意不仅很红火,老板因此发了大财,而且它还成为备受赞誉的成功企业呢!

"肮脏牛排店"看来是"名副其实"的:店里不使用电灯,点的是煤油灯,显得灰暗;抬头看,店里天花板上全是很厚的灰尘(是人造的,不会掉下来);四周的墙壁粘有乱七八糟的纸片和布条,还挂有几件破旧的装饰品,如锄头、牛绳、印第安人的毡帽和木雕等;里面的桌椅都是木制的,做工粗糙,仿古色的,坐上椅子还会"吱吱"作响;厨师和侍者穿的衣服像是从没换洗过的。

最醒目的是"肮脏牛排店"的明文规定:顾客光临不准戴领带,否则"格剪勿论"。有些好奇或持怀疑态度的顾客偏系上领带进去试个究竟,岂料真的有两位笑容可掬的小姐迎面而来,她们一人持剪刀,一人拿铜锣,只见锣响刀落,试探者的领带已被剪下一大段。

站在一旁当班的经理立刻递给被剪掉领带的顾客一杯美酒,以敬酒给他压惊,并表歉意。这杯酒是不收费的,其实这杯酒的价钱足够赔偿顾客的领带损失。那段被剪下的领带则连同该顾客签了名的名片被贴到墙上留念。

被剪了领带的顾客,无论是好奇者、试探者或不知这里规矩的,绝不会因这一举动而生气,相反会觉得好笑。这里墙上粘满的纸片和布条,原来就是这样的纪念物。

"肮脏牛排店"虽伪装肮脏陈设,但其供应的牛排食品却是美味至极,使人难以忘怀的。正因如此,其店终年门庭若市,生意应接不暇,收入丰厚,店名亦广为传播。

以"肮脏"二字命名牛排店确实让人大跌眼镜,但这就是一种创新,不落俗套,不但调动了人们的好奇心,起到了很好的广告作用,而且带来了丰厚的经济效益。

魔力悄悄话

现代社会是创新的社会,只有那些敢于创新的人才能在激烈的竞争中脱颖而出,才能不断地延伸和拓展职业空间,才能在一定的环境和条件下更好地生存与发展,才能在创业的道路上有着更多的创造。

突破困局的出路是创新

柯特大饭店是美国加州圣地亚哥市的一家老牌饭店。由于原先配套设计的电梯过于狭小和老旧，无法适应越来越多的客流，于是，饭店老板准备改建一个新式电梯。他重金请来全国一流的建筑师和工程师，请他们一起商讨该如何进行改建。建筑师和工程师的经验都很丰富，他们讨论的结论是：饭店必须新换一部大电梯。为了安装好新电梯，饭店必须停止营业半年时间。"除了关闭饭店半年就没有别的办法了吗？"老板的眉头皱得很紧，"要知道，这样会造成很大的经济损失……""必须这样，不可能有别的方案。"建筑师和工程师们坚持说。

就在这时候，饭店里的清洁工刚好在附近拖地。听到了他们的谈话，他马上直起腰，停止了工作。他望着忧心忡忡、神色犹豫的老板和那两位一脸自信的专家，突然开口说："如果换了我，你们知道我会怎么来装这个电梯吗？"工程师瞟了他一眼，不屑地说："你能怎么做？""我会直接在屋子外面装上电梯。"工程师和建筑师听了顿时诧异得说不出话来。

很快，这家饭店就在屋外装设了一部新电梯。在建筑史上，这是第一次把电梯安装在室外。把电梯装在室外，这个绝妙的创新点子成了突破困局的唯一出路。

生活总会碰到形形色色的问题，面对各种各样的困局。面对困局，人们会如何选择呢？有人会选择逃避，无法解决还不如选择不面对；有人会随便解决，有方法总比没方法强；有人则会找到最好的方法来解决，他们认为问题总会有最佳解决方案。第三种人无疑是最认真负责、勤于思索的人，因而也是最快找到解题捷径的人。

那如何才能找到最好的方法并用它来解决棘手的难题呢？创新无疑是至关重要的。很多时候，创新能帮助你解决问题，帮助你脱困。

创新力——江山代有才人出

1970 年,韩国现代集团的创始人郑周永投资创建了蔚山造船厂,目标是造 10 万吨级超大油轮。很快,船厂就建起来了。但由于当时很多人对韩国人自己造这么大吨位的油轮持怀疑态度,因此几个月过去了,竟然连一个客户都没有。这下可急坏了郑周永。因为建造船厂的大量资金用的是银行贷款,一旦长时间接不到订单,不仅银行的巨额资金无法归还,甚至会使自己陷入破产的境地。

该怎么办呢?郑周永冥思苦想。突然,他从自己收藏的一堆发黄的旧钞票中看到了一张 500 元纸币,纸币上印有 15 世纪朝鲜民族英雄李舜臣发明的龟甲船。龟甲船是古代的一种运兵船,当时李舜臣就是用它粉碎了日寇的侵略。聪明的郑周永意识到这是一个绝好的机会,他一面叫人根据这张旧钞的内容制造了大量宣传品,一面拿着这张旧钞四处游说,宣传朝鲜民族在 400 多年前就已经具备了造船能力,因此现在完全有能力建造现代化大油轮。经过反复宣传,郑周永很快拿到了两张 13 万吨级油轮的订单。郑周永的创新不仅使自己的船厂绝处逢生,而且为国家争得了荣誉。从此,韩国步入了造船强国的行列。

魔力悄悄话

困局往往会成为前进的绊脚石,但也是成功的转折点。面对困局,首先要冷静思考,然后找出问题的症结所在,最后再选择适当的解决方法。当面对困局百思不得其解时,一定要学会运用创新,因为这时创新可能就成为冲破困局的唯一途径。

不想被淘汰就创新

古巴女排在 20 世纪 90 年代称霸排坛整整 10 年。从 1991 年世界杯开始到 2000 年悉尼奥运会,古巴女排垄断了女排三大赛全部世界冠军,成为当之无愧的王者。她们为什么能称霸排坛整整一个年代呢?因为古巴女排根据排球的规则和自身的特点,创造出了独一无二的"四二配备"组合,这种组合一定程度上优于传统的"五一配备"。此外,10 年间古巴又不断出现了众多天才球员。两者结合使古巴女排成就了 10 年辉煌。

独一无二的"四二配备"成全了古巴女排,因为当时很多人认为这是排球战略的新突破,代表了新的发展趋势。然而,这个特殊的打法在后期却成为古巴女排前进的包袱。1998 年国际排球实行史无前例的大改革,采用每球得分制、运用自由人等新规则,排球比赛更加强调发球和一攻,强弱队之间的差距有所缩小。随着古巴天才球员的退役和流失,古巴女排的统治地位开始动摇。21 世纪以来,古巴女排已经逐步被巴西、俄罗斯、中国等球队超越,沦为二流。

古巴女排的没落一方面因为缺乏天才球员,使"四二配备"的打法没能继续发挥出原来的威力;另一个更重要的原因是连续的夺冠使得古巴女排故步自封,一直没有采用更新的技、战术来丰富自己的打法。排球改革之后,排球规则发生了不少变化。由于古巴女排过分自信,对新技术的吸收慢得让人吃惊。排球变成每球得分制之后,各国排球队都开始采用自由人,在技术和队形上不断优化和完善,但古巴队在是否采用自由人这个问题上一直处于观望状态。随着女子技术男子化,跳发球和后排进攻在女排比赛中已经屡见不鲜,而古巴队 2000 年奥运会之后才开始采用跳发,后排进攻更是最近 3 年才得以加强。辉煌之后,自负、不善于吸收新的技战术打法、缺乏创新精神,使得古巴女排逐渐被其他球队抛离。

个人不创新就不会有发展,甚至会被淘汰;团队不创新就会节节败退,不断失利甚至消亡;国家不创新就会停滞不前,落后于其他国家。可见,创

新无论对个人、团队还是国家都非常重要。

世界著名的奔驰汽车公司创始人之一、世界公认的"汽车之父"——卡尔·本茨就是一个典型代表。

卡尔·本茨的创业是从自己借钱办起的机械工厂起步的。他是一个非常聪明的人,也十分自信。但过分自信就变成了自负,他不太愿意听取别人的意见,也从不轻易改变自己的想法。

谁知他的工厂没过多久就遭遇了经济萧条。这时候,他的一个朋友劝他说:"本茨,其实你可以考虑干别的行业,现在这行不好做。"

卡尔·本茨却不屑地说:"我可不那么认为,是整个大环境造成了这种状况,与我的选择无关。""但你也可以试试别的啊!或许会有转机。"

"我不可能去做别的行业,我的选择现在是对的,将来也是对的。"

不愿意接受朋友意见的卡尔·本茨依旧开着自己的工厂,可事情并没有朝着他希望的方向发展下去。几年后,由于经营不善,卡尔·本茨无力偿还借朋友的钱,工厂面临倒闭的危险。直到这一刻,卡尔·本茨才突然觉得朋友的建议可能是对的。于是,他决定改变原有的经营方式。终于,经过十分艰苦的努力,他在前人的基础上研制出了新式发动机。此后,他不断创新,制造出了闻名世界的三轮汽车——"奔驰1号"。

作为世界公认的"汽车之父",卡尔·本茨为人类进步做出了杰出的贡献。他那种敢于改变自己、勇于创新的精神值得我们学习,他的事例也在提醒我们:不创新,就淘汰。所以,在我们遭遇困境时,大胆举起创新的武器吧!

魔力悄悄话

今天如果不创新,明天等来的将会是被淘汰!任何一家企业都是一样,如果一直抱着过时的产品,故步自封地守着僵化的做法,最后企业就会失去竞争力。与此相反,假如今天创新了,企业明天不仅不会被淘汰,反而会走在时代的前沿。

创新使危机变商机

危机在一般人看来是危险,但在创新者看来却是机会。"灭顶之灾"可以奇迹般地变成"商机无限"。

当然,这需要好的创意!古今中外,利用好创意把危机变商机的事例不在少数。

南宋绍兴十年(1140年)七月,杭州城最繁华的街市失火。火势迅猛蔓延,数以万计的房屋商铺在烈火中化为废墟。有一位裴姓富商苦心经营了大半生的几间当铺和珠宝店也在那条闹市中。当大火燃起,他并没有让伙计和奴仆冲进火海,舍命抢救珠宝财物,而是指挥他们迅速撤离,一副听天由命的神态,令众人大惑不解。

之后,他不动声色地派人从长江沿岸平价购回大量木材、毛竹、砖瓦、石灰等建筑用材囤积起来。此后,裴姓商人便整天品茶饮酒,逍遥自在。大火烧了数十日之后被扑灭了,曾经车水马龙的杭州,大半个城已是墙倒房塌,一片狼藉。

不几日朝廷颁旨:重建杭州城,凡经营销售建筑用材者一律免税。杭州城内一时大兴土木,建筑用材供不应求,价格陡涨。裴姓商人趁机抛售建材,获利巨大,其数额远远大于被火灾焚毁的财产。

普通人遇到危机往往会怨天尤人,叹息时运不佳,采取能躲就躲,躲不开只好听天由命的态度来对待。

而创新者却是另一种态度,他们逆流勇进,积极开发创新思维,用灵敏的触觉感知危机背后蕴藏的商机。所以,创新会扭转危机,化危机为商机。

自从2001年发生"9·11"恐怖撞机事件后,每年的9月11日都会成为各航空公司最头痛的日子。同样,这天对美国一家小型航空公司的市场经理约翰也影响深远。

作为一家小型航空公司的市场部经理,"9·11"不仅使约翰的薪酬锐减,更使得本来聪明能干的他束手无策。

航空市场的大萧条,使得约翰所在的美国精神航空公司(Spirit AirLine)面临的不再是以往如何尽快增长的问题,而是巨大的生存压力。

2002年的9月11日就要到了,由于担心恐怖分子在周年当天再次袭击,全美普遍预测,"9·11"当天的上座率将非常低,像约翰所在的中小型航空公司削减航班或赔钱已成定局。

有人甚至半开玩笑地对约翰说:"贵公司这样的中小型航空公司,9月11日当天全公司休假可能会好一些。"

约翰清楚地知道这一切,甚至知道董事会已经准备提出削减航班的计划。可是,难道就没有一点办法了吗?最终,他想出了一个好主意!

2002年8月6日,美国精神航空公司宣布:"9·11"周年祭乘机免费!

8月7日,精神航空公司机票预订中心的电话就开始响个不停,公司网站也因为访问者过多而发生网络大塞车;公司30架中小型飞机所能提供的1.34万个座位,几个小时内就被预订一空。公司领导层对此表示满意,董事会成员和所有公司高级官员决定在9月11日这一天,亲自到机场为乘坐免费航班的乘客送行。

分析人士认为,这一活动带来的社会效应和广告效应远远超过了公司的机票损失。

公司的核算部门估计,免票活动将带来50万美元的损失。这笔款项对于这个主要市场仅包括佛罗里达、底特律和纽约的拥有12年历史的小航空公司来说,不是一个小数目。但精神航空公司今后得到的回报将远大于50万美元,起码大多数乘客在预订免费航班的同时,订购了几天后的回程票。

除此之外,美国大小媒体都在报道精神航空公司"独树一帜"提供免费机票的事情,一时间"精神航空"成了媒体上出现频率最高的公司。这样的宣传效果是绝非50万美元可以达到的。

可以说,精神航空已经从一个名不见经传的小公司,一夜之间成为全美著名的"爱国航空公司"。

美国某专栏记者说:"精神航空的招儿,绝了!"的确,几个星期前,精神航空和所有其他航空公司面临的问题一样:9 月 11 日前后的订票数量奇低,上座率不足 20%。而这一招,使精神航空成为全美 9 月 11 日上座率最高的航空公司。

很多时候或许只需要一个好的创意就能化解危机,反败为胜。

魔力悄悄话

约翰的创意是在面临危机的情况下产生的。但需要指出的是,不能把危机理解为创意的催化剂,更不能通过制造危机来获取创意。因为通常情况下,"危机"就是"危机",没有危机才是我们应该追求的。遇到危机时,我们应该做的是直面困境,想方设法寻找突破困境的机会,在困境中寻求解决问题的创意。

第二章 如何有效提升创新力

　　很多创新家们并非生来就是创新天才，他们绝大多数是经过后天不断培养思考力，最终才有所成就的。一个善于创新的人，不仅善于从问题中发现机会，而且善于从问题着手，勤于思考，最终找到解决问题的方法。我们要想成为一个成功的创新者，就必须承认思考的价值，充分挖掘思考的力量，养成勤于思考的习惯。做到这些，相信你最后一定可以成为善于创新的创新者。奇思妙想缔造奇迹，这是创造性思考的神奇之处。只要你善于"异想天开"，你也可能创造奇迹。

没有不思考的创新

创新力是人的能力中最重要、最宝贵、层次最高的一种能力。它包含着多方面的因素，其核心是思考力。正如爱因斯坦所说："人是靠动脑解决一切问题的。"

人并不是天生会创新的。正如鲁迅所说："天才的第一声啼哭绝不是一首好诗。"

很多创新家们并非生来就是创新天才，他们绝大多数是经过后天不断培养思考力，最终才有所成就的。

牛顿被认为是一切天才中的天才。但是，牛顿小时候却是一个再普通不过的孩子，成绩平平，只不过是玩具做得出众一点而已。牛顿的创新才能是后来充分利用思考力，不断调动思考来帮助创新的结果。例如，苹果落地，被砸到的人往往会咒骂一声，自认倒霉，而牛顿却苦思苹果为什么不飞向天而向下落，从而发现了万有引力定律。

莱特兄弟梦想着人类像小鸟一样自由飞翔，于是不断思索，终于发明了飞机。

达尔文一心沉浸在他的生物研究中，片刻不停地思考生物遗传和发展的问题，最终提出了震惊世界的进化论。

在我们的日常生活中，"不怕做不到，只怕想不到"。每个新产品的发明、每个新论点的提出、每个新现象的发现，都离不开最初的"想法"。这个"想法"就是思考。所有目标成就、创新发明都是思考的产物，放弃思考就等于放弃创新，放弃成功。

所以，思考力是创新力的核心，思考力的深度决定创新力的高度。

相信很多人都听过或看过世界著名成功学大师拿破仑·希尔的畅销书《思考致富》，这本书刚一面世便深受广大读者的喜爱，很快便全球畅销。其原因是它深刻地揭示了如何运用我们的大脑去实现成功的黄金法则，并提出任何人要想取得成功，都必须要运用头脑去思考。为什么写这本书呢？

拿破仑·希尔认为这和他经历过的一件小事有很大关系。

有一次,拿破仑·希尔去见一位专门以出售主意为职业的教授,结果被教授的秘书拦住了。拿破仑·希尔觉得很奇怪:"像我这样有名望的人来见教授,也要挡驾吗?"

秘书回答:"这时候,教授谁也不见,即使美国总统现在来,也要等2个小时。"

拿破仑·希尔犹豫了一阵,虽然很忙,但他仍然决定等2个小时。2个小时后,教授出来了,希尔问他:"你为什么要让我等2个小时呢?"

教授告诉希尔:他有一个特制的房间,里面漆黑一片,空空荡荡,唯有一张躺椅,他每天都会准时躺在椅子上思考2个小时。此时的2个小时,是他创新力最旺盛的2个小时,很多优秀的主意都来自此时,所以这时的他谁也不见。

听了教授的解释,拿破仑·希尔的内心突然涌起了一股强烈的意念"运用思考才是人生成功的要诀。"由此,拿破仑·希尔写下了使他名扬世界的著作《思考致富》。

拿破仑·希尔说:"思考能够拯救一个人的命运。"事实正是如此,有思考力的人才会有创新力,才能主动掌控自己的命运。懒惰、平庸的人不是不动手,而是不动脑子,这种坏习惯制约了他们走向创新的可能;相反,那些最终能成大事者基本都在此前养成了勤于思考的习惯,善于发现问题,积极进行创新,努力地寻求解决问题的方法,甚至让问题成为改变自己命运的机遇。

诺贝尔奖获得者、英国物理学家约瑟夫·汤姆森和欧内斯特·卢瑟福一共培养出了17位诺贝尔奖获得者,这些天才们无一例外地深刻领悟到如何通过思考去捕获创新机遇,去改变自己的人生轨迹,赢得辉煌的人生。

英国剑桥大学的迪·博诺教授说:"一个人很聪明或智商很高,只是说明他有创新的潜力,并不能说明他很会思考。智力和思考的关系,就好比汽车同司机驾驶技术的关系,你可能有一辆很好的汽车,但如果驾驶技术不好,同样不能把车开好;相反,你开的尽管是一辆旧车,如果驾驶技术高超的话,照样能把车开得很好。"

世界著名趋势专家约翰·奈斯比也曾经说过:"在信息时代,我们最需要的技能是:学习如何思考、学习如何学习以及学习如何创新。"

思考力具有强大的力量,它没有现成的答案可以抄袭,也没有既定的程序可以跟从,但它可以通过发挥其自身的力量为人们指引一条又一条全新的成功之道。

魔力悄悄话

人人都有思考的机会。当你试着改变自己的思考方式,朝着成功的方向努力时,一切奇迹都有可能出现!思考力是创新力的核心,用积极的思考去进行积极的创新,你的生命将精彩不断。

独立思考是最重要的

人都存有惰性，容易放任自己依附于有能力的上司或者同事。你千万不要这样，因为人最重要的就是独立思考，如果丧失了这点，你就会被他人所控制，失去事业前进的航向。

在很多年前，一对住在偏僻乡村的父子，牵着一头驴子到集市上去买盐。走至半路，有人就笑他们太傻，骑着驴多省劲，却要牵着走。父亲觉得有道理，于是让儿子骑驴，自己步行。没走多远，路边又有人批评道："儿子骑驴，父亲走路？这孩子真太不孝顺了。"孩子听了，赶忙下来，把父亲让到了驴背上。又行不多远，路边一个人批评说："瞧，这当父亲的，也不知心疼自己的儿子，只顾着自己舒服。"于是，爷俩只好一齐都骑到驴背上。以为这下总可以了吧，结果又有人为驴子打抱不平了："天下还有这样狠心的人，看驴子都快被压死了！"父子俩这下没辙了，牵着走不是，谁骑也不合适，这可怎么办才好呢？于是他们索性把驴子绑上，两人抬着驴子走，没想到过桥时，驴一挣扎，坠落河中淹死了。

这个故事告诉我们，在做人做事时不要盲从他人的看法，完全按照别人的好恶行事，没有自己的独立思考。其实，在现实中有许多人常犯类似的错误：比如，当你提出一个想法或者想去实现一个梦想时，周围的人总是会提出不同的意见，有些是善意的、有些是恶意的、有些是经验之谈、有些纯粹是臆想，无论如何，这些观点都是他们从自身出发的。就像小时候学过的《小马过河》，老牛说河很浅只到脚踝可以过，小松鼠说过不得，有同伴淹死在里面。面对这种情况，如果我们不能独立思考，过多顾虑别人的看法和议论，犹豫不决，往往会错失良机。**做人要能独立思考，不能随波逐流，在关键时刻坚持自己的想法。**

美国汽车大王福特当初发明V8型发动机的时候，没一个人认为他会成功，都在等着看他的笑话。因为许多工程师经过一年的毫无结果的努力后也全都懈怠了。但是福特坚持自己的观点，他认为自己是对的。几年后，V8型发动机让福特车的销售量位居世界第一，这也成了汽车史上的佳话。

在职场中，不要想当然地认为领导只喜欢溜须拍马的"佞臣"，其实正是领导更喜欢那些有自己见解的员工，因为他们能给领导的思维提供更多的可行性。就像名侦探福尔摩斯的助手华生，他不断地提出一些错误的、愚蠢可笑的见解，可福尔摩斯不但不反感，还觉这是发现真相的必要手段。一位老板说："我认为接到指令后就去执行的员工是不会有出息的，因为他们不知道'思考'这两个字有多么重要。"公司需要的是能思考，并在工作中积极完善细节、有创新的人才，而不是死板的按指令行事的机器，不能考虑事情的发展方向和存在问题的员工是不受欢迎的。

在第二次世界大战中，有一位将军，唯元帅马首是瞻。无论元帅的命令有多么荒唐，他都保持缄默。终于有一天，将军把他叫到营帐说："你已经被罢免了。"

"为什么？"

"我不需要'传声筒'将军。因为，这样的将军在战争中无法作出正确的判断，会导致军队的败亡。"

一个优秀的职员在工作时都会习惯性地问自己："怎样才能做得更好？"这种独立性让他们能切实主动地为公司解决问题。他们对待工作从不会应付差事，而会像为自己工作一样努力。

迈克在一家贸易公司工作了一年，对低下的职务很不满，愤愤地对朋友说："我在公司的工资最低，老板根本不把我放在眼里，看着吧，早晚有一天我要跟他拍桌子，然后辞职不干了。"

"你对那家贸易公司的业务都清楚吗？"他的朋友问。"不清楚！""那我要劝你先把他们的一切贸易手段、商业文书和公司组织完全搞清楚了，再一走了之。将来去他们的对手公司，挤垮他们，不是更出气吗？"迈克觉得朋友的话很对，于是一改往日拖拉散漫的习惯，认真研究起公司的业务了。一年后，两人又偶然遇到了。朋友问："你是不是要辞职了？"迈克不好意思地说："唉，老板对我刮目相看了，又加薪又升职，现在我已经是公司里的红人了！"

其实这个朋友早就料到当初之所以老板不重视他,是因为迈克始终没有认真地投入到工作中,天天混日子自然得不到老板的赏识。而后来,迈克为了离开公司而发挥自己的积极主动性,不再为公司工作,成为一个有着自己目标的"好员工",当然也就得到了老板的器重了。

魔力悄悄话

懒于思考,不会思考,说话办事总是人云亦云、随波逐流、没有独立思考的人,往往一生也不会有多大的成就。但只要你能独立思考,往往很快便可以独当一面。

多思考才善于创新

一天晚上,英国著名的物理学家卢瑟福走进实验室,看到一位学生仍坐在实验桌前,便问道:"这么晚了,你还在做什么?"

学生答道:"我在工作。"

"那你白天在干什么呢?"

"也在工作。"

"那么你早上也在工作吗?"

"是的,教授,早上我也在工作。"

于是,卢瑟福提出了一个问题:"那么,你什么时候思考呢?"

学生看了看他,无言以对。

在我们的周围不乏刻苦认真的人,但他们的成绩就是上不去;也有许多人,他们工作非常勤奋,但也没什么太大的成就;许多人做事非常努力,但就是赚钱不多,囊中羞涩;许多学者埋头苦干,实验无数,但就是没有创新,无所突破……虽然他们的原因各异,但缺乏正确的思考方式无疑是其中非常关键的一个原因。

人的思想有了不起的能量。任何创新的成果都是思考的馈赠,人世间最美妙绝伦的就是思考的花朵。思索是才能的"钻机",思考是创新的前提。因此,潜心思考总是为创新家所钟情。

"学习知识要善于思考、思考、再思考,我就是靠这个学习方法成为科学家的。"爱因斯坦如是说。

牛顿敞开心扉:"如果说我对世界有些微贡献的话,那不是由于别的,只是由于我的辛勤耐久的思索所致。"

思想家狄德罗坦言自己的治学之道:"我有三种主要的方法:对自然的观察、思考和实验。用观察搜集事实,思考把它们结合起来,实验则来证实组合的结果。对自然的观察应该是专注的,思考应该是深刻的,实验则应该是精确的。"

将一半时间用于思考,一半时间用于行动,无疑是人才的创新之道。不懂得运用思索这一"才能的钻机"的人,难以开掘出丰富的智慧矿藏;不善于思考的人,不能举一反三、触类旁通,享受创新的乐趣。赢得一切、获取成功的关键,就在于你能不能积极地思考、持续地思考、科学地思考。

在工作中,要战胜困难,达到理想的效果,深思熟虑是不可缺少的条件。在科学、艺术创造中,在规划方案、产品设计、经营运筹中,在理论体系的构筑中,思考同样具有不可替代的功能。

下面事例的主人公就是一个善于思考、最终摘取创新果实的成功者。

对于"洁厕精",可能每个人都不陌生,别看它普通,这可是家家户户必不可少的日用品。但很少有人知道,有一种畅销全国的"洁厕精",其发明者是一个只有初中文化的下岗工人。

几年前,由于这名工人所在的工厂被兼并,这个壮实的汉子突然间成了下岗工人。由于无事可做,他只能在家里待着,时间一长,难免有些心烦。

一天,家里的坐便器堵了,左弄右弄,排泄物就是不下去。他十分恼火,甚至有将坐便器砸了的冲动。

待他冷静下来,他开始想:我堂堂一个男子汉,怎么能被这样的小事难住?接着他又想:我遇到的问题,其实千万个家庭每天也会遇到,既然那么多人需要解决这个问题,为什么不在这上面想想办法、做点文章呢?

想到就立即做,他一头扎进自己的小屋,闭门不出,开始努力思考,潜心钻研。

对于只有初中文化的他来说,要解决这样的问题并不是件容易的事,但他没有放弃,而是不分日夜反复试验。经过很多次失败后,突然有一天,试验成功了,他研制出了专门用于厕所除垢、下水道疏通的化学制剂"洗厕精"和"塞通"。

这项发明属国内首创,获得了技术专利,这名工人还用自己的房间号为产品申报了商标"406"。之后他向妻子借来几万元私房钱,开了一家公司,产品很快供不应求。

谈起自己的创业史,这名下岗工人得意地笑称自己是"厕所里淘黄金的人"。他就是温州人王麟权。

一个善于创新的人,不仅善于从问题中发现机会,而且善于从问题着手,勤于思考,最终找到解决问题的方法。

我们要想成为一个成功的创新者,就必须承认思考的价值,充分挖掘思考的力量,养成勤于思考的习惯。做到这些,相信你最后一定可以成为善于创新的创新者。

魔力悄悄话

"书读得多而不思考,你就会觉得你知道的很多,而当你读书多的同时思考得也多的时候,你就会清楚地看到你知道的还很少。"这是哲学家伏尔泰的体悟。

创造性思考魅力无穷

古希腊时,有一个国王颁布了一项奇特的命令:对于即将处死的犯人,要求每人说一句话。如果是真话,将被绞死;如果是假话,将被砍头。

有一次,4个犯人要被处死,国王将众大臣召集在一起,要大臣们看看他这个国王是如何智审犯人的。

第1个犯人被押上来,他恭恭敬敬地说:"我热爱国王。"他以为说了这句话,国王也许一高兴就免了他的死刑,没想到国王说:"胡说八道,热爱我你就不会犯罪了! 假话,拉下去砍头。"

第2个犯人被押上来后,诚惶诚恐地说道:"我有罪,我该死。""说得对,"国王裁决道,"你说的是真话,处以绞刑。"

第3个犯人被押上来,他心想:如果你判断不出我的话是真是假,不就没法处置我了吗? 于是他说道:"太阳离我们有70万千米零9米远。"国王一时还真不知如何裁决,但是马上他就生气地说:"这话不能马上验明是真是假,算是假话,拉下去砍头。"

第4个犯人被押了上来,他从容地站在国王面前。

"现在轮到你了,"国王说道,"说一句话,选择你怎么死吧!"

"我将被砍头。"对方说。

这下子国王真的被难住了。国王在心中思量:"如果他说的'我将被砍头'是真话,那么我就应该判他绞死;既然他被处以绞刑,那'我将被砍头'就成了假话;既然'我将被砍头'是假话,那么他应被砍头,可他被砍头又证明他说的是真话;既然他说的是真话……"

也就是说,国王既不能砍他的头,也不能对他处以绞刑。无奈,国王只好放了这位聪明的犯人。

从死亡线上捡回了一条命,这位犯人凭借的就是抓住了问题的漏洞,钻了问题的空子,去除了"非此即彼"的虚假认定。

生活中很多人只注重汗水的付出,而轻视思考的力量,那些奇怪的想法往往让他们觉得不切实际。殊不知,汗水往往浇不出机会的花蕊,倒是新颖奇特的思考有可能会让机会花开满园。

威尔逊是一个商人,专门经营香烟。可是,他的运气不好,几年来商品乏人问津。困境中他学会了思考,他要在思考中找到一条新的出路。

一天,他在商店门口贴了一幅广告:"请不要购买本店生产的烟卷,据估计,这种香烟的尼古丁、焦油含量比其他店的产品高1%。"另用红色大字标明:"有人曾因吸了此烟而死亡。"这一广告因别具一格而引起电视台记者的注意。通过新闻节目,人们很快熟悉了这一商店。一些人专程从外地来买这种烟,称"买包抽抽,看死不死人"。另有些人抽这种烟是想表示一下自己的男子汉气概。结果,这个店的生意从此日渐兴隆,现在已成为拥有5个分厂、14个分店的大企业。

在美国,有一名收藏家名叫诺曼·沃特。看到收藏家为收购名贵物品而不惜千金,他灵机一动:为什么不收藏一些劣画呢?他收购劣画有两个标准:一是名家的"失常之作";二是价格低于5美元的无名人士的画。没多久,他便收藏了200多幅劣画。

1974年,他在报纸上登出广告,声称要举办首届劣画大展,目的是让年轻人在比较中学会鉴别,从而发现好画与名画的真正价值。

出乎人们意料,这次画展非常成功,沃特也成为人们茶余饭后不可少的话题。观众争先恐后参观,有的甚至从外地赶来。

沃特的成功之处在于他的"劣画大展"独树一帜,十分新奇,迎合了观众的"逆反心理"。

魔力悄悄话

奇思妙想缔造奇迹,这是创造性思考的神奇之处。只要你善于"异想天开",你也可能创造奇迹。

问题会引导创新

出现问题不要第一时间就想着推卸责任,或是追查寻找责任的当事人,而应该动脑想一想解决问题的办法。不善于动脑的人好像直筒的米袋子,一眼就能望到底。

有一位母亲吩咐孩子去集市买米。她列了张清单,连同卷好的一叠米袋子交给孩子。

到了米市,孩子看着清单上写着:大米、小米、高粱米、玉米等,于是他按图索骥,一个口袋装一种米。然而到后来,他发现少了一个袋子,无论如何都没法将全部品种买齐全。

孩子一回到家,就埋怨母亲:"为什么不先数好袋子? 老远的路,难道我还要再跑一趟?"

母亲说:"你不是系鞋带了嘛! 用鞋带将米少的袋子中间扎紧,上面一层不又可盛东西了吗?"

孩子一下子傻了眼……

主动多想想,问题就是创新的契机。当你用一种以前没用过的办法去解决问题时,你就是在创新。

有人玩过这种游戏:

十几个学员平均分为两队,要把放在地上的两串钥匙捡起来,从队首传到队尾。规则是必须按照顺序,并使钥匙接触到每个人的手。

比赛开始计时。两队的第一反应都是按专家做过的示范:捡起一串,传递完毕后,再传另一串,结果都用了15秒左右。

专家提示道:"再想想,时间还可以缩短。"

其中一队似乎"悟"到了,把两串钥匙拴在一起同时传,这次只用了

5秒。

专家说:"时间还可以减半,你们再好好想想!"

"怎么可能?!"学员们面面相觑,左右四顾,不太相信。

这时,场外突然有一个声音提醒道:"只是要求按顺序从手上经过,不一定非得传啊!"

另一队恍然大悟。他们完全抛开了传递方式,每个人都伸出一只手扣成圆桶状,摞在一起,形成一个通道,让钥匙像自由落体一样从上面落下来,既按照顺序,同时也接触了每个人的手,所花时间仅仅是0.5秒!

培根有一句名言:"如果你从肯定开始,必将以问题告终;如果从问题开始,则将以肯定结束。"

传递钥匙的游戏旨在告诉我们,如果把已存在的看成是合理的、可行的,那么在思考某种问题时,你就很容易沿着原有的旧思路延伸,受到传统模式的严重羁绊而无法突破创新。

但当你不断怀疑、不断提问题时,你会发现,之前停留的那个地方远不是终点。

带着问题跑下去,你会发现另一个全新的天地。

"再想想,时间还可以短!"这个问题就像一名导师,指引我们不断创新。

著名的数学家希尔伯特是一个善于提出问题的人。在1900年第二届国际数学家大会上,他做了题为《数学的问题》的报告,提出了当时数学领域中的23个重大问题。这些问题后来被称为"希尔伯特问题"。它们的提出有力地促进了数学的发展。

为此,希尔伯特总结道:"只要一门科学分支能提出大量的问题,它就充满着生命力。而问题缺乏,则预示着独立发展的衰亡或中止。"

犹太人非常重视知识,同时更加重视问题意识的培养。他们把仅有知识而没有才能的人比喻为"背着许多书本的驴子"。他们认为,学习应该以思考为基础,而思考则是由一连串的问题组成的。学习便是经常怀疑,随时发问。

问题是智慧的大门,知道得越多,问题就越多。所以,提问使人进步,问题和答案一样重要。犹太人出名的口才和高超的智力与他们注意培养问题意识不无关系。

苏格拉底也说:"问题是接生员,它能帮助新思想诞生。问题是创新的起点,是创新的动力,是创新的导师,有了问题才会思考,有了思考才有解决问题的方法,有了行动方法我们才能进行创新。"

魔力悄悄话

问题会激发我们的兴趣、情感与灵感。它激发我们去感知与记忆,去观察与实验,去注意与搜索,去思索与想象,去发明与创造。发明家保尔·麦克思德说:"唯一愚蠢的问题是你不问问题。"

观察是创新的窗户

眼睛被称为"心灵的窗户",是头等重要的信息输入器官。我们也可以说,眼睛是"创新的窗户",这里的"眼睛"指的是通过眼睛的观察。

一个人的一生当中要从外界获得亿万的信息,其中75%以上是通过眼睛获得、通过观察摄取的。

创新者因为拥有非凡的观察力而拥有创造成果。所以,我们要善于利用双眼去观察,去发现创新的时机。

我们可能注意过这种现象:洗完澡以后放水时,浴缸里的水会产生一个个旋涡。肯定不止一个人会注意到这个问题,因为水从来都是这样旋转着从一个孔洞中漏下去的,不仅放洗澡水如此,大雨天积的雨水也是这样旋转着流入下水道的。

这种现象太普遍了,以至于人们无数次面对这种现象却一直熟视无睹。但在教授谢皮罗的眼里,这是一种奇特的现象。

美国麻省理工学院机械工程系的谢皮罗教授有着与众不同的眼睛,确切地说有着不同于常人的观察力。他注意到浴缸排水时的特殊现象,马上被吸引住了。后来,他又跑去观察水池放水,发现也有着相似的旋涡。

这是为什么呢? 他想,共同的现象一定有着相似的原因。

他联想到赤道上的水,那里会不会有旋涡呢? 那里的水将怎样流出? 流出的时候会不会打着旋涡? 会不会打着同样的旋涡?

他又想到,南半球的水将会怎样流出呢? 它们又会沿着什么方向打旋涡,和赤道的情况一样吗?

为了这个问题,他不远万里来到赤道。经过认真观察,他发现赤道上的流水没有旋涡。

他又来到南半球观察,发现南半球流水有旋涡,而且旋涡的方向正好与北半球相反。北半球是顺时针方向,而南半球是逆时针方向。

他从观察中得出结论：流水旋涡可能与地球的自转有关。同时他也想到，台风、风暴都是流体的运动，空气也是流体。南半球和北半球的风暴也一定是按与水流同样的规律旋转的，北半球和南半球风暴产生的旋涡的方向也将是彼此相反的。

1962年，谢皮罗发表论文，论述了旋涡现象，并推断出其与地球自转的关系，引起了科学界的极大反响。

谢皮罗无疑是一个善于观察的人，这些不被常人所注意的现象没有逃过他敏锐的眼睛。最善于观察的人，应该是谢皮罗这样的人。

我们再来看进化论的创始人——达尔文是怎样通过观察在生物学界取得创新成果的。

1831年12月27日，青年达尔文踏上"贝格尔奖"的甲板去做环球考察的时候，当时的生物学家们顽固地认为，万物是上帝创造的，物种是不变的，从它被创造的那一刻起，就是现在这个样子。在考察途中，神创论在达尔文的心中开始动摇了，因为他那双眼睛发现了新的东西。

有一次，他从海洋中捕捞到许多浮游生物。它们非常微小，但数量非常大。达尔文在显微镜下观察一阵以后，向自己提出了一个问题：这些低等的生物在大海中只是沧海一粟，如果万物是上帝创造的，上帝创造它们究竟是出于哪种微不足道的目的？

达尔文来到南美大陆，他挖掘了许多古代动物的化石。有些动物已经灭绝，它们从地球上消失了，只以化石的形态存在于地下；有些化石所代表的生物还存在着。但是，从这些化石的特征看，它们与自己的后代也有些不同。

达尔文来到了加拉帕戈斯群岛。这里盛产海龟，每个小岛上的海龟都不完全一样。龟甲的颜色、厚度、拱形的大小都各不相同，脖子和腿也有长有短。但是，它们显然属于同一个物种。达尔文想，海龟为什么不一样？上帝为什么不在各个岛上创造相同的海龟？

他又考察了加拉帕戈斯群岛上的雀类。群岛共有13种雀，彼此都有亲缘关系。但是，不同的岛上的雀都有各自的特征。有的嘴粗大些，有的细小些，有的吃昆虫，有的吃种子。如果这些岛上的雀也是上帝创造的，上帝为什么要这样创造呢？

达尔文能够见人所未见，并力排众议和纷扰，通过反复观察，最终发现了进化论的秘密，为自己在生物界打开了一扇创新的窗户。

爱因斯坦、巴斯德、阿基米德、开普勒与众多科学家、发明家，他们无一不具有超凡的观察力。没有他们善于观察的双眼，也就没有他们的创新成就。

魔力悄悄话

科学家迈克尔·法拉第说："没有观察就没有科学。"在科学发现中，观察扮演了极其重要的角色。人们通过眼睛去观察，但"看见"并不等于"发现"，许多机会都是在我们"看见"却没有"发现"的情况下从我们的眼皮底下溜走的。只有拥有一双雪亮并善于观察的眼睛，才能在宏观的世界和微观的世界中明察秋毫，从而成就创新。

观察让创新不再神秘

新事物或新结论不是摆在表面上的，它们往往被掩盖在层层表象之下。不善于观察的人经常会被假象所迷惑，与创新擦肩而过，而善于观察的人通常可以用观察这把"利剑"去撩开创新的"面纱"，从而有所成就。

托尔斯泰依靠他平时真切的观察经验，一眼就看出青年高尔基的小说《26个和1个》中的问题："你写的炉灶安放得不对。因为烘面包的火光不会像小说中所描写的那样照到人们的脸上去。"

法国印象派画家莫奈在一幅伦敦教堂画的背景上，把雾画成了紫红的颜色，引起了英国人的争议。他们认为伦敦的雾应当是灰色的。后来伦敦人在大街上仔细观察了雾的颜色，才发现莫奈是正确的。原来伦敦雾的紫红色是由于烟太多和红砖房建筑造成的。从此，英国人的看法改变了，不再把伦敦的雾看成是灰色的了，他们还推举莫奈是"伦敦雾的发现者"。

这些突破性的创意带来的创造成果，最需要的就是敏锐的观察能力，否则即使成功已碰到你的鼻子尖，你也会视而不见。作家托尔斯泰和画家莫奈正因为拥有超强的观察力，才看到别人所不能看到的现象，从而提出新颖而正确的结论。

多年来，如何在实验中"捕捉"到原子尺度的电中性物体，一直是一个世界性的科学难题。

1985年，朱棣文一举攻克了这个难题，获得了诺贝尔物理学奖。他是怎样取得突破的呢？也许谁都不会想到，他的灵感竟来自观察醉酒人的蹒跚行走。

有一天，朱棣文看到一个喝醉酒的人蹒跚地走在大街上。他仔细观察，发现醉酒的人走路左摇右晃时，愈走愈往低处走，不可能往车顶上跳，这是一种惯性使然。那么在不同激光束作用下的原子，依照惯性，应该也是往能降低的地方走。所以问题的关键就是如何利用激光束的作用，设计出一个接近绝对零度的"陷阱",来降低经过此"陷阱"原子的能阶,进而达到捕捉原子的作用。经过多次实验,朱棣文终于成功地"捕捉"到了原子尺度的电中性物体。

我们总以为,生活中有些寻常的事物或现象是毫无价值、毫无用处,也是毫无规律、毫无意义的,所以我们对它们熟视无睹、漫不经心。但朱棣文却相信,在这个世界上,没有什么事物是毫无价值、毫无意义的。所以他时时留心,处处观察,在别人司空见惯的醉酒人走路中发现了规律性的东西,并由此受到启发而解开了一道科研难题。他的成功看似偶然,其实是必然的。

法拉第曾经说过:"没有观察就没有科学。科学发现诞生于仔细地观察之中。"朱棣文对醉汉的行为进行观察,受到启发,才找到了捕获原子的方法。不要小看他的不相关的观察,这里面蕴涵着朱棣文长期磨炼得来的非凡观察力。

如果没有敏锐的观察力,不能留意细节中的现象,那么就会错过创新机遇,不知不觉把发明权让给了别人。德国化学家维勒就是这样,他错过了创新机会,使钒的发明权落到了琴夫斯特木的手里。他的老师柏采里乌斯给他写了一封信,这是一封十分著名的信:

"在北方一所秘密的房子里,住着一位绝顶美丽的女神,她的名字叫凡娜迪斯。有一天,一位小伙子来敲她的房门,试图向她求爱。但是,这位女神听到敲门声以后,仍旧舒服地坐着,心里想:'让来的那个青年再敲一会儿吧!'但是,敲门声响了一次就停止了,敲门人没有坚持敲下去,而是转身走下台阶去了。这个人对于他是否被女神请进去显得满不在乎。'他究竟是谁呢?'女神觉得很奇怪,她匆忙地奔到窗口,想去瞧瞧那位掉头离去的小伙子。'啊!'女神惊奇地自言自语道,'原来是维勒!好吧,让他白跑一趟是应该的。如果他不那么淡漠,我会请他进来的。你看他那股劲儿,走过我窗子的时候,竟没有向我的窗口探一下头……'过了一段时间,又有人来敲门了。这次来敲门的人和维勒大不相同。他一直敲个不停,最后,女神只好开门迎客。进来的是漂亮的小伙子琴夫斯特木,他和女神相会了。他们结合以后,就生下了新元素'钒'。"

这封信中柏采里乌斯把创新机会比作女神,维勒没有重视它,结果只能把"钒"的发明权让给了琴夫斯特木。这个故事说明,在科学面前不能有半点疏忽。要善于观察,尤其当实验中出现新的现象时,绝不要随便放过。

处处留心,处处有创新。我们只有磨砺"观察"这把剑,才有可能揭开创新的面纱。

魔力悄悄话

创新机遇是不随人的意愿产生的,是客观存在的东西,因此每个人都可以发现它。但是,事实上大多数人不能创新,只有少数人才能做到。这是什么道理呢? 关键还是在观察力。只有少数人拥有敏锐的观察力,正是由于这种敏锐的观察力,使他们能洞穿表象,从而迸发出创造发明的火花。

为创新插上想象的翅膀

老师问幼儿园的小朋友:"花儿为什么会开放啊?"

一位小朋友说:"花儿睡醒了,想出来看太阳。"

另一位小朋友说:"花儿想跟小朋友比一下,看谁的衣服漂亮。"

还有一位小朋友说:"太阳出来了,花儿想伸个懒腰,结果把花朵顶开了。"也有小朋友说:"花儿想听听小朋友唱什么歌。"

小朋友的思维中蕴涵着无穷的创意、无边的想象。想象是人类独有的一种高级心理功能。它是在现实形象的基础上,通过大脑的回忆、加工和新的综合,创造生成新的形象的心理过程。通过想象,我们能把世界上许多事物联系起来,使我们的认识不再受时间和空间的限制,从而创造出一个更为广阔的世界。

著名的理论物理学家、1969 年诺贝尔物理学奖得主盖尔曼曾经说过:"作为一个出色的理论物理学家,想象力很重要。一定要想象、假设! 也许事实并不是这样,但是这样可以使你接着往前研究。"

牛顿说:"没有大胆的猜测,就得不出伟大的发现。"

黑格尔说:"想象是最杰出的艺术本领。"

科学发现、技术发明等创造性活动都离不开想象力。只有开启想象的闸门,才能有力地伸展它的双翼,才会让我们的思想飞到成功之巅。

有人曾用一个形象的比喻来说明想象力在创新活动中的作用:创新活动犹如矫健的雄鹰,客观实际是这只雄鹰的躯体,想象力则是它的翅膀。雄鹰是因为有了翅膀才能振翅于高空,漫游于天际的。

想象力对于创新活动的影响是巨大的,它是创新的源泉。

法国著名作家儒勒·凡尔纳表现出的惊人想象力被许多人所熟知。他在无线电还未发明之前就已经想到了电视,在莱特兄弟制造出飞机之前的半个世纪已想到了直升机和飞机。什么坦克、导弹、潜水艇、霓虹灯等,他都预先想象到了。他在《月亮旅行记》中甚至讲到了几个炮兵坐在炮弹上让大炮把他们发射到月亮上。据说齐尔斯基——宇宙航行开拓者之一,正是受了凡尔纳著作的启发,才去从事星际航行理论研究的。

俄国科学家齐奥科夫斯基青年时代就被人们称为"大胆的幻想家",他把未来的宇宙航行分成15步。值得惊叹的是,在齐奥科夫斯基作出这一大胆的幻想的时候,莱特兄弟的飞机还尚未问世。当时除了冲天鞭炮以外,世界上没有什么火箭。更加令人吃惊的是,许多想象通过近几十年的航空、航天技术的发展已经成为活生生的现实。也就是说,由于火箭、喷气式飞机、人造卫星、阿波罗登月计划、航天轨道站以及航天飞机的相继成功发明,齐奥科夫斯基的前9步都已基本实现。

早在齐奥科夫斯基的论文《利用喷气机探索宇宙》发表前30年,凡尔纳就发表了《从地球到月球》《环绕月球》等科学幻想小说,提出了飞向月球的大胆设想。他想象在地球上挖一个300米深的发射井,在井中铸造一个大炮筒,把精心设计的"炮弹车厢"发射到月球上去。他甚至选择了离开地球的最近时刻,计算了克服地心引力所需要的速度以及怎样解决密封的"炮弹车厢"的氧气供给问题,这些对宇航研究很有启发。科学的发展以想象为先导,人们通过想象在头脑中拟定研究过程的伟业和蓝图,借助于想象在头脑中构成可能达到的预期结果。正是通过齐奥科夫斯基和凡尔纳丰富的设想,为人类登上月球在思维创造上开辟了道路。

韩信是汉朝著名的军事将领。有一天,汉高祖刘邦想试一试韩信的智谋。他拿出一块5寸见方的布帛,对韩信说:"给你一天的时间,你在这上面尽量画上士兵。你能画多少,我就给你带多少兵。"

站在一旁的萧何心想:这一小块布帛,能画几个兵?于是他暗暗为韩信捏了一把汗,不想韩信毫不迟疑地接过布帛走了。

第二天,韩信按时交上布帛。刘邦一看,上面一个兵也没有,却不得不承认韩信的确是一个胸有兵马千万的人才,于是把兵权交给了他。

那么韩信在布帛上究竟画了些什么呢?

原来,韩信在上面画了一座城楼,城门口战马露出头来,一面"帅"字旗斜出。虽没见一兵一卒,却可想象到千军万马之势。韩信的过人想象力由此可见一斑。

在一场绘画的测试中，题目是要求考生们在一张画纸上用最简练的笔墨画出最多的骆驼。当答卷交上来时，评审发现，很多考生都在纸上画了大量的圆点，用圆点表示骆驼。但这些画都被认为缺乏想象力，因为其作画的思路都是：尽可能画更多的骆驼。而无论在纸上画多少圆点，其数量都是有限的。

唯独有一位考生的画纸上与众不同：一条弯弯的曲线表示山峰和山谷，画上有一只骆驼从山谷中走出来，另一只骆驼只露出一个头和半截脖子。谁也不知会从山谷里走出多少只骆驼，或许是一个庞大的骆驼群。因而，这位考生当之无愧夺得了冠军。

想象是创新的先导，是智慧的翅膀。想象力是人类特有的天赋，是一切创新活动最伟大的源泉，是人类进步的动力。假如你的创新之河即将干涸枯竭，那么，就请展开你的想象力吧，它将会使其奔流不息。

魔力悄悄话

爱因斯坦告诉我们："想象力比知识更加重要，因为我们了解的知识终归是有限的，而想象力却能包含整个世界，以及我们的未来和我们将来能了解的一切。"

没有想象创新随之衰弱

想象力是一种能力，它具有自由、开放、浪漫、跳跃、形象、夸张等心理活动的特点。想象力使思维逍遥神驰，一泻千里，超越时空。创新需要想象，想象是创新的前提。想象力概括着世界上的一切，没有想象不可能有创新。

"发挥你的想象，画出你的设计，从最简单的设计到最不可思议的想法，你可以尽情地展开想象的翅膀。"这就是 1994 年下半年日本索尼公司举办的国际"未来家庭娱乐产品概念设计大赛"的理念。参赛的国家和地区有澳大利亚、新西兰、新加坡、菲律宾、印度尼西亚、印度、中国等，参加者主要是大、中、小学生。北京 8 所高校和 12 所中小学校的 1 566 名学生参加了这项大赛，其中不乏名牌高校和重点中小学的学生，如清华大学、北京大学、北京航天大学、中央工艺美术学院、人大附中、北京实验小学、中关村一小等。

但是结果是两个组的冠军、亚军和季军都被其他国家和地区的参赛者拿走，北京赛区的设计作品仅仅只有一项勉强入围，名列少年组 8 个获奖者的最末（纪念奖）位次。这项名为"宇宙旅行健身室"的设计在国内评奖时，被评为第 2 名。

相比之下，中国学生的设计的确让人汗颜，一是视野狭小，二是设计思维简单、片面，缺乏奇异构想。而国外学生设计的产品表现出奇思异想，让人大开眼界。如获得冠军的印尼学生的作品对家庭娱乐产品概念的想象和构思大大超出了地球的范围，专家们称之为"宇宙思维"。

中国学生的想象力哪儿去了？中国学生的创新意识和创新力哪儿去了？提出这个问题的目的当然不是找谁来承担责任，值得关注的是问题本身。

我们发现，不但是学生，在社会工作的青年人、中年人以及老年人都是如此，而且年龄越大，所学知识越多，社会阅历越丰富，想象力就越衰退，创新力也愈衰弱。

　　1968 年,大洋彼岸的美国内华达州曾经发生了一场诉讼案,这场诉讼关注的是学生想象力的问题。

　　一天,美国内华达州一个叫伊迪丝的 3 岁小女孩告诉妈妈,她认识礼品盒上"OPEN"的第一个字母"O"。这位妈妈非常吃惊,问她怎么认识的。伊迪丝说:"是薇拉小姐教的。"

　　这位母亲表扬了女儿之后,一纸诉状把薇拉小姐所在的劳拉三世幼儿园告上了法庭,理由是该幼儿园剥夺了伊迪丝的想象力。因为她的女儿在认识"O"之前,能把"O"说成苹果、太阳、足球、鸟蛋之类的圆形东西,然而自从劳拉三世幼儿园教她识读了 26 个字母后,伊迪丝便失去了这种能力。她要求该幼儿园对这种后果负责,赔偿伊迪丝精神伤残费 1 000 万美元。

　　诉状递上之后,在内华达立刻引起轩然大波。劳拉三世幼儿园认为这位母亲疯了,一些家长认为她有点小题大做;她的律师也不赞同她的做法,认为打这场官司是浪费精力。然而,这位母亲却坚持要把这场官司打下去,哪怕倾家荡产。

　　三个月后,此案在内华达州立法院开庭。最后的结果出人意料,劳拉三世幼儿园败诉,因为陪审团的 23 名成员被这位母亲在辩护时讲的一个故事感动了。

　　她说:"我曾到东方某个国家旅行,在一家公园里见过两只天鹅,一只被剪去了左边的翅膀,一只完好无损。剪去翅膀的天鹅被放养在较大的一片水塘里,完好的一只被放养在一片较小的水塘里。当时我非常不解,就请教那里的管理人员。他们说,这样能防止它们逃跑。我问为什么,他们解释,剪去一边翅膀的天鹅无法保持身体平衡,飞起后就会掉下来;在小水塘里的天鹅虽然没被剪去翅膀,但起飞时会因没有必要的滑翔路程而老实地待在水里。当时我非常震惊,震惊于东方人的聪明。可是我又感到非常悲哀,为两只天鹅感到悲哀。今天,我为我女儿的事来打这场官司,是因为我感到伊迪丝变成了劳拉三世幼儿园的一只天鹅。他们剪掉了伊迪丝的一只翅膀,一只幻想的翅膀;人们早早地把她投进了那片小水塘,那片只有 ABC 的小水塘。"

　　这段辩护词后来成了内华达州修改《公民教育保护法》的依据。现在美国《公民权法》规定,幼儿在学校拥有两项权利:一是玩的权利;二是问为什么的权利。

这位年轻的母亲为了保护女儿的想象力可以站出来打一场官司。她的行为不但强调了想象力对于人类是多么的重要,而且还启示我们:要想创新,要想发展,任何时候都不能丧失想象力。我们要自觉自发地保护我们的想象力,开发想象力。

魔力悄悄话

不会想象的人难于创新。一个人如果缺乏想象力,墨守成规,用标准的尺寸去衡量世界,那么,很可怕,他将会永远看到一个一成不变的世界。他也只能在原地踏步,不会有所创新,更不可能进步。这对于学生、家长、上班族、学校和社会都有很大的启示作用。

换个地方打井

"换个地方打井"告诉我们：要心胸开阔，脑筋灵活，不固执己见，不把死理当真理。转移思路，能够使许多原本看起来不能解决的问题被轻而易举地解决。只要我们灵活一些，学会"换个地方打井"，哪怕是一口很小的"井"，都可能让我们品尝到甘甜的成功之水。

"换个地方打井"是"创新思维之父"、著名思维学家德·波诺提出的概念，用来形容他提出的平面思维法。德·波诺打比方说："**在一个地方打井，老打不出水来。具有纵向思考方式的人，只会嫌自己打得不够努力，而增加努力程度。而具有平面思维方式的人，则考虑很可能是选择井的地方不对，或者根本就没有水，所以与其在这样一个地方努力，不如另外寻找一个更容易出水的地方打井。**"

小娟是一家青年报社的科学版的编辑，她本职工作就就业业，都能很好地完成。然而，报社里人才济济，她发现即使再努力地工作，也难以取得更为突出的成绩而被领导赏识，于是很是苦恼。一天，在处理读者来信时，她发现有不少青年读者，当在工作和生活中遇到了问题时，却没有地方表达和交流。于是她建议报社开办一条专门针对青年人的心理热线。

这个点子比较新鲜，但是在报社里反应平平。多数人认为自己的工作主要是写作和发表新闻稿件，干这样的事有点浪费时间，但领导还是同意了她的想法。热线很快开通了，由于当时学校教育很少关注青少年的心理，家长与孩子之间由于年龄与受教育程度不同广泛存在代沟，这个热线一开通就在社会上引起极大的反响，热线电话几乎要被打爆了。众多青少年的心声，通过一条普通的电话线汇集到了一起，也为小娟提供了很多十分新颖、十分发人深省的素材。

后来，报社顺应读者要求在报纸上开辟了一个新的版面，名叫《青春热线》，每周以4个整版的篇幅反映这些读者的心声。《青春热线》逐渐成了该报社最受欢迎的栏目，小娟也获得了新闻界的许多奖项。

小娟在才华和智慧上与众人无异，但她能够取得这样的成功，是因为她懂得"换个地方打井"，在缺乏热点的僵化体制中，积极创新，寻找出路，找到一个没有人涉足的领域挖掘出一口"新井"。

换个地方打井，不断地探索其他可能性，能让自己更有创造力。

很多成功者都说，要把企业做大做强，就要有"专攻"和品牌项目，但理查德·布兰森可不这么想。布兰森17岁起家，是当今世界上最富传奇色彩和个性魅力的亿万富翁之一，英国女王还授予他爵士头衔。他确实没有"专攻"，但他旗下的产业个个都是品牌，他创造了一个崭新的商业模式，布兰森创办的维珍公司的触手简直无处不在，从唱片到航空、铁路、电信、大卖场、婚纱、影院、金融服务、可乐……维珍提供的产品和服务基本上涵盖了人们生活的方方面面。

布兰森说自己的公司是跟在大企业后面的"抢食物"的"小狗"。可是这只"小狗"非常厉害，它是英国最大的私营企业，旗下有近200家公司。

美国有个年轻人去西部淘金，到了那儿才发现淘金的人比金子还多，他好不容易圈定了"地盘"想要大干一场，结果几个凶神恶煞的大汉走了过来，声称这些是他们的领地，在那种情形下，换个地方淘金可能还是如此。但这个年轻人没有沮丧，也没再找地方淘金，他悉心地观察周围的环境，发现淘金的人非常多，但是淘金的地点一般都非常干旱，缺少水源，忙着淘金而忍受干渴的人更多，甚至有很多人因为缺水而死。

这个年轻人突发奇想，虽然淘金的希望十分渺茫，但找水的希望还是很大的；挖金子倒不如卖水。于是他放弃了淘金的念头，开始去寻找水源，并拉到淘金地点，卖给那些淘金的人。这在当时，比起那些挖金子一夜暴富的人，这个年轻人在淘金地点却不挖金子，确实有点"傻"，很多人都嘲笑他，但他一如既往。

结果几个月后，大多数的淘金者是空手而归；而这个年轻人在很短的时间内靠卖水竟挣了6 000美元，这在当时是相当可观的。

世界上之所以有那么多人一直庸庸碌碌，不是因为他们没能力，也不是因为他们不努力，而是因为他们没有动脑筋，每天都在千篇一律地运作，维持着固定的思维模式,遵循着机械化的程序,创造性的思维得不到锻炼渐渐就萎缩死去了。也正是这种规范雷同的思维让他们无法脱颖而出。其实在很多时候,只要你稍微改变一下自己的思维方式,就会解决好许多原本麻烦的事。

美国有一位收藏家在收藏初期经常"一掷千金"收藏名品,过了一段时间,他开始资金周转不灵了,如果他想要继续收藏这些名品,就还要出大价钱,后面肯定就要和银行或是高利贷借钱。但是这位收藏家换了条路——他开始收藏名家的"劣画"。事实证明,他是一个非常有眼光的人,这些劣画不仅便宜,而且容易收集,短短一年内他就收集了三百多幅。大家一定在想,劣画有什么用呢?能卖得出去吗?

答案是肯定的。

这位收藏家开始在各大报纸上刊登广告,他决定举办一个"名家劣画大展"目的是为了让人们能更珍惜名画,更好地辨别名画。这个画展空前成功,人们从四面八方赶来,争先恐后地去参观他们所仰慕的大师们的"劣画",更有人不惜重金把画买回,而这位收藏家也名声大噪,成为收藏界的知名人士。

"换个地方打井"是人们从无数的事例中,从失败的教训和成功的欣喜中总结出来的,它教育人们不要"不撞南墙不回头",不要"一条路走到黑",不要等事情已经无法挽回的时候再想回头。

魔力悄悄话

"换个地方打井"告诉我们:要心胸开阔,脑筋灵活,不固执己见,不把死理当真理。转移思路,能够使许多原本看起来不能解决的问题被轻而易举地解决。只要我们灵活一些,学会"换个地方打井",哪怕是一口很小的"井",都可能让我们品尝到甘甜的成功之水。

多元思维让创新花样不断

多元思维是同时以多种不同组分作为思维元素的思维。在实践中,由于人们面临问题的复杂性和多样性,必须把不同类型的思维元素融合起来,应用多元思维,进一步发挥人的思维的能动性与创造性。从思维元素的角度来看,多元思维不是某一单个的元素的运用,而是围绕着一定的问题形成的元素的集合。

多元思维能力不是特指某种思维能力,而是多种思维元素的思维水平(已有的认识高度)、思维方法(归纳、演绎、推理等方法的运用)、思维品质(思维的目的性与系统性、灵活性与敏捷性、广阔性与深刻性等)的综合体现。多元思维能力侧重的是综合利用各种思维方式,从不同角度系统分析、解决问题的能力。

充分发挥多元思维能力,进一步提升思维创新力,你会发现你的创意就像雨后春笋般不断涌现。

米多尼公司是生产创可贴的专业厂家。由于这种橡皮膏生产工艺简单,所以市场竞争十分激烈。眼看着自己的市场占有率不断下降,米多尼的老板愁眉不展、苦思良策,终于想出了一个新招——注入情感销售。

很快,一种名为"快乐的伤口"的新式创可贴在市场上出现了。受伤本是痛苦的事,何来"快乐"?待看过新产品的包装式样,你便会惊叹于这创意的新奇了。新式创可贴摒弃了传统产品的肉色色彩,一反常态地采用了鲜艳的桃红、橘黄、翠绿、天蓝等花哨的颜色。外形也不再是单调的条状,而是采用了心形、五星形、十字形和香肠形等,还在上面印上了"花头巾""好疼啊""我快乐极了"等幽默动人的文字,让人看了忍俊不禁。这种带有情感色彩的创可贴一经推出,求购者十分踊跃,孩子们对新创可贴更是钟爱,据说还有的孩子为了贴上这种创可贴故意弄破皮肤呢!"快乐"创可贴在不到一年的时间里就售出830万盒,销售额高达15亿日元,令那些墨守成规的竞争对手们目瞪口呆。

"快乐的伤口"产生的过程得益于米多尼老板的多元思维能力：由痛苦想到快乐，他运用了逆向思维；由单一颜色想到多种颜色，由固定外形想到各种外形，他运用了发散思维；由枯燥的造型到添加各种色彩、图形、文学元素，他运用了形象思维……

总之，正是多元思维能力让米多尼创意层出不穷，开辟了创可贴的新市场。

活用思维，成就创新

古人曰："行成于思。"没有思维的变革就不会产生行为上的变化。也可以说，人类历史上的所有新东西都是从思维创新开始的。

确实，人类利用思维的力量，看到天然的森林大火而想到保存火种，进而钻木取火；利用思维的力量，人类只需挖一个陷阱，在陷阱口上盖些茅草，便能让最凶猛的野兽束手就擒；利用思维的力量，人类能够在头脑中设计出千万种自然界并不存在的奇妙玩意儿，并把这些玩意儿变成实实在在的东西……

人的思维是多元的，它给了我们一个自由大胆的想象空间。它的特点是不囿于一种思路，而是沿着多种思路进行。善于思考，活用思维，我们就可以在最短的时间到达创新成功的彼岸。

霍英东是中国香港杰出的运输大王和房地产巨头。有一次，他收购了一家濒临倒闭的大酒店。在重新装修时，他发现这栋仿古的中式建筑楼群有许多大圆柱。这些大圆柱其实只是作为古典的装饰而已，里面是空心的，在建筑设计上并没有起受力作用。他想，如果将这些空心的柱子挖几个"窗口"，再用玻璃罩上，就可以做陈列商品的橱窗。该酒店地处中国香港闹市区，是寸土寸金之地，也是众多商家看中的风水宝地。果然，霍英东把这些橱窗出租给中国香港几家大珠宝商和化妆品厂家，每年从中收入5万美元租金。

创新力——江山代有才人出

善于思索的霍英东从看似无用的空心圆柱想到了陈列商品的橱窗，因此获得了创意的机会。

既然我们被自然赋予思维——这样神奇的力量，我们就要善于活用它，让它更好地为我们服务。创造性地运用思维就能实现创新。

魔力悄悄话

思维具有无穷的魅力。习惯于单一思维的人会一条路走到黑，发现不了路边蛰伏的创新机会。而那些成功者却往往是机灵敏捷之人，他们拥有很广阔的思维空间，善于活用思维。所以，成功的道路上他们总会左右逢源。

第三章
是什么羁绊着你的创新

无论人类还是动物,只要有群体,就会有权威。权威是任何时代、任何社会都实际存在的现象,权威人士的渊博学识和不容置疑的地位对维持人类社会的正常运转具有重要意义。在我们的成长过程中,也有许多肉眼看不见的链条在系着我们,这些无形的链条就是经验、教诲,教训与世俗。它们编成一张大网,牢牢地把我们禁锢在里面。于是,我们像大象一样很自然地将这些链条当成习惯,没有试过也没想过要去挣脱它。这种经验定式的限制使我们失去了很多创新的机会,抹杀了很多丰富的创意,使我们没有突破性进展。

过于屈从是创新的杀手

在生活中,每个人都有不同程度的从众倾向,一般是倾向于大多数人的想法或态度,以证明自己并不孤立。有人做过研究,持某种意见人数的多少是影响从众的最重要的一个因素。"人多"本身就是说服力的一个证明,很少有人能够在众口一词的情况下还坚持自己的不同意见。

1952 年,美国心理学家所罗门·阿希做了一个实验,研究人们会在多大程度上受到他人的影响而违心地作出明显错误的判断。他请大学生自愿做他的试验者,告诉他们这个实验的目的是研究人的视觉情况。当某个大学生走进实验室的时候,他发现已经有 6 个人先坐在了那里,他只能坐在第 7 个位置上。事实上他不知道,其他 6 个人是跟阿希串通好了的,只有他是受试者。

阿希要大家做一个非常容易的判断——比较线段的长度。他拿出一张画有一条竖线的卡片,让大家比较这条线和另一张卡片上的 3 条线中的哪一条线等长。实验共进行了 18 次。事实上,这些线条的长短差异很明显,正常人是很容易作出判断的。

然而,在两次正常判断之后,6 个串通好的人故意异口同声地说出一个错误答案。于是那个人开始迷惑了,他是相信自己的眼力呢,还是说出一个和其他人一样但自己心里认为不正确的答案呢?

从结果看,平均有33%的人的判断是从众的,有76%的人至少做了一次从众的判断。而在正常的情况下,人们判断错的可能性还不到1%。当然,还有24%的人没有从众,他们按照自己的正确判断来回答问题。

研究表明,从众性与创新性呈负相关趋势。从众者自觉的创新意识淡漠,内在的创新动机弱化,思路窄而浅,缺乏自信心与独立性,焦虑感重,依赖性强。姑且不论其能否发现问题,即使是真的发现了,他也不敢大胆地求证和否定。

木秀于林,风必摧之;人出于群,言必毁之。压力是人们屈从于群众的一个决定因素。在一个单位内,谁作出与众不同的判断或行为,谁就会被其他成员所孤立,甚至受到严厉惩罚,因而所有成员的行为往往高度一致。美国霍桑工厂的实验很好地说明了这一点工人对自己每天的工作量都有一个标准,因为任何人超额完成都可能使管理人员提高定额,所以没有人愿意去打破这个标准。这样,一个人干得太多就等于冒犯了众人,干得太少又有"磨洋工"的嫌疑。因此,任何人干得太多或者太少都会被提醒,而任何一个人冒犯了众人都有可能被抛弃。为了免遭抛弃,人们就不会去"冒天下之大不韪",而采取"随大流"的做法。试想,这种时时处处屈从于大众的人,创新力从何而来呢?

会议主持人无疑是聪慧的,他嗅出了从众的气息,觉察到了从众的危险性,及时跳出了从众定式,使公司避免了一场未知的损失。同时,他给大家开辟了避开从众的创新空间,让大家的创新力得到充分发挥。

我们要想在生活中、事业上有所成就、有所创新,就要摆脱盲目从众、过分屈从的心理,善于独立思考,对事情保留自己的看法。

魔力悄悄话

从众定式不利于个人独立思考和创新意识的增强。如果人一味地"从众",一味地屈服,那么他就会越来越不愿开动脑筋,更不可能获得创新。对于一个团体来说,"一致同意"、"全体通过"并不见得是好事,可能它是集体屈从的现象,可能它的背后隐藏着"从众定式"。

不做盲从的毛虫

法国的自然科学家法伯曾经做过一次有趣的"毛虫试验"：

法伯把一群毛虫放在一个盘子的边缘，让它们一个紧跟着一个，头尾相连，沿着盘子排成一圈。于是，毛虫们开始沿着盘子爬行，每一只都紧跟着自己前边的那一只，既害怕掉队，也不敢独自走新路。它们连续爬了7天7夜，终于因饥饿而死去。而在那个盘子的中央，就摆着毛虫们喜欢吃的食物。

毛虫有着一种强烈的"从众倾向"，这是自然界的"盲从"现象。盲目的毛虫最终只能被食物"遗弃"，惨遭"淘汰"。

很多人都知道现代经济学上的鲶鱼效应，但是很少有人知道人类学上还有个鲦鱼启示录。如果仅将鲦鱼的实验拿来解释人类行为，可能不见得完全合理，但就人类与其他生物事实上具有某些共通性的特征而言，鲦鱼的实验为人类至少提供了一个启示。

鲦鱼是一种群居的鱼类，这是因为它们没有太大的能力去攻击其他鱼类的缘故。通常它们有一个聪明且活动力强的首领，其他的鲦鱼便追随在它后面，形成一种极有趣味的马首是瞻的生活秩序。

动物行为专家曾做了一个实验，他们将一条鲦鱼的脑部割除，然后将这条鱼放入水中。此时，它不再游回群体，而是任凭自己的喜好游向任何方向。令人惊讶的是，其他鲦鱼这时都盲目地跟随着它，使得这条无脑的鱼成为鱼群的领导者。

在这个故事中，我们关心的并不是那条无脑的鲦鱼，而是那一大群跟在后面盲目从众"随大流"的追随者。假如这条充当首领的鱼犯了某个错误，像那条被切除脑部没有判断能力的鲦鱼，不小心把后面从众者带领到大鱼活动的区域，那么等待它们的将会是"全军覆灭"。

创新力——江山代有才人出

有一个人写征婚启事,对"有意者"的身高提出要求,而且精确到小数点后两位。有人问他:"身高对于婚姻有什么意义?"他回答:"别人征婚都有这一条。"确实,他的回答自有他的道理。在很多场合,"别人都这么做"就是"我这么做"的最充分的理由。这似乎成了一条不言自明的公理。但很多人都没有意识到像这样盲目跟在别人后面跑实际上是没有意义的,别人失败你也会跟着失败,别人成功你已时机尽失,等待你的还是失败。就像这个征婚者,征婚启事盲目追随不成文的"规则",毫无自己的个性,人云亦云,很大程度上他可能会被爱情所抛弃。

魔力悄悄话

无论在生活上还是工作中,如果我们没有主见,一味盲从,不善于独立思考,那么,被社会"淘汰"的结果也就不远了。

专家不全是正确的

无论人类还是动物，只要有群体，就会有权威。权威是任何时代、任何社会都实际存在的现象，权威人士的渊博学识和不容置疑的地位对维持人类社会的正常运转具有重要意义。

然而，专家说的就一定对吗？

公元前2世纪罗马时代伟大的医学家盖伦，一生写了256本书。在长达1 000多年的时间里，西方医学家、生物学家们都一直把他的书及他本人视为至高无上的权威。

盖伦说人的大腿骨是弯的，大家也就一直相信人的大腿骨是弯的。后来有人通过实际解剖，发现人的大腿骨不是弯的，而是直的。按理说，这时就该纠正盖伦所说的错误，还事物的本来面目。可是因为人们太崇拜盖伦了，所以仍然深信他说的不会有错，但又明明与事实不符，这该如何解释呢？最后，大家终于找到了一种说法：这是因为在盖伦那个时代，人们都穿长袍，不穿裤子，人的弯曲的大腿骨得不到矫正，所以就都是弯的。后来人们开始穿裤子，不再穿长袍，这样长期穿裤子才逐渐把人的大腿骨弄直了。

显而易见，由于专业狭隘性等众多原因，很多专家不可避免地也会犯错误。但人们对专家权威的盲目崇拜竟可以达到为他们的错误找借口的程度，即便这个借口是那么的荒唐可笑。

联通在21世纪初委托一家著名的专业咨询策划公司为联通CDMA手机做策划方案。

这家公司成立于20世纪20年代，在全世界拥有70多家分支机构，被美国《财富》杂志誉为"世界上最著名、最严守秘密、最有声望、最富有成效、最值得信赖和最令人仰慕的企业咨询公司"。这家专业权威公司的策划方案让联通人笃信不疑,大家相信方案的实施会很快取得成效。

但是,2002 年秋季,在中国移动的强力阻击下,中国联通 CDMA 的销售在全国范围内陷入了历史性低谷。

尤其是福州的市场,从 5 月份到 11 月份,福州 CDMA 销量才 2 万多用户,其中数千部还是靠员工担保送给亲朋好友的。与国内其他城市相比,这个成绩实在是惨不忍睹。

当时杨少锋所在的广告公司正在为福州联通做策划方案。当杨少锋看过那家全球著名策划公司的方案后,得出了 4 个字——"不切实际"。

年仅 24 岁、大学刚毕业两年的杨少锋,竟然斗胆否定了这家权威公司的方案!

因为他自己已经有了一套完整周密的营销计划。中国联通福建省公司的领导经再三权衡后还是接受了他的计划。

杨少锋首先通过福州媒体对 CDMA 进行包装,做足广告,提高了 CDMA 在当地的认知度;其次向全国首次公开提出"手机不要钱"的概念,吊足了媒体和群众的胃口,通过赠机方案打开了一片市场;然后迅速整合条件资源,通过银行、证券公司组成 CDMA 战略联盟体,完善足额话费送手机方案。

这一系列的计划制订和方案实施,彻底扭转了福建通信市场的格局,联通荣登宝座。

魔力悄悄话

权威的企业咨询公司以其专业性、正确性和影响力被大众所推崇和信任,但一些事例也证明:再权威的专家也会犯错。如果一味盲从专家,不及时去发现、不迅速去纠正错误,那么后果是不堪设想的。所以,我们要做的是像案例中的杨少锋一样,敢于否定专家错误的结论,这样才能为自己的发展打开另一片天地。

权威并非都是真理

每一种事物都有两面性,同样,权威有益处也有害处。权威能为我们节省很多时间和精力,我们不必再从头研究几何学,只需学一学阿基米德的理论就行了;我们不必等几百年后看资本主义是怎样灭亡的,只需读一读马克思的著作就行了;我们不必亲自去"看云识天气",只需听一听中央气象台的天气预报就行了……所有这些都是简便而有效的方法。

有人牵了一匹马到集市上去卖。过了好几个早晨,连一个问价的都没有。

有一天,伯乐来到集市朝这匹马看了几眼,在马颈上拍了两下,赞叹道:"好马,好马!"

于是,人们纷纷抢购,马的价格一下抬高了10多倍。

人们盲目迷信权威,连好马孬马都没区分,就被权威牵着鼻子走了。

当我们面对新事物、新问题需要开拓创新时,权威定式就会变成"思维枷锁",阻碍新观念、新理论的产生,甚至将人引入歧途。我们总是有意无意地沿着权威的思路走,被权威牵着鼻子走。

一群猴子抬着一大筐西瓜来孝敬美猴王。美猴王从未吃过西瓜,不知该如何下口。

忽然,他灵机一动,说道:"小的们,我来考考你们,这西瓜该吃瓤,还是吃皮? 答对的有赏。"

一只小猴子抢着说道:"吃西瓜得吃西瓜瓤,西瓜皮不好吃。"

话音未落,一只德高望重的老猴子说道:"不对,吃西瓜当然得吃西瓜皮,哪有吃西瓜瓤的?"

众猴子一齐点头称是。

美猴王拍了拍老猴子的肩膀，笑道："姜还是老的辣！"

于是，那只小猴子受"罚"吃西瓜瓤，西瓜皮则被美猴王等"分享"了！

在猴子们的眼里，老猴子无疑是德高望重、不可超越的权威。于是猴子们就形成了以老猴子的是非为标准来处理问题的习惯，而失去了独立思考能力，甚至连练就了一双"火眼金睛"的美猴王都不能幸免。权威定式的危害性可见一斑。

当然，这只是一个故事。可在现实生活，人们的思维往往难以摆脱权威定式的束缚，有意无意地被权威牵着鼻子走，于是引发了一个又一个"美猴王吃西瓜皮"的故事。

有所不同的是，猴子们不突破思维定式，只是享受不到西瓜的美味；而人类迷信权威，头脑为权威定式所束缚，则会造成极大的危害，甚至产生难以想象的恶果。比如，布鲁诺因为坚持"地球绕着太阳转"这一与权威"地心说"相违背的新学说而被烧死在罗马鲜花广场上；挪威数学家阿贝尔写的关于高等函数的论文由于遭到了数学权威们的否定而被打入冷宫，在他死后10多年才重见天日，并被公认为19世纪最出色的论文之一……

在权威的鼻息下生活惯了的人们，习惯于听从权威而失去了独立思考的能力。一旦失去了权威，他们常常会感到手足无措。在近代西方，当《圣经》和教会的权威衰落以后，很多人感到惶惶不安——"失去了上帝的引领，人类将走向哪里？"只有经过较长的一段时间，等到自我思维的能力完全恢复之后，那种"没妈的孩子像棵草"的焦虑状态才能完全消失。

所幸的是，古今中外有不少人能够意识到权威定式的危害。他们敢于挣脱权威的牵绊，充分发挥自己的创造性，为自己的创新之旅做好铺垫。

魔力悄悄话

敢于推翻权威，这本身就是一种创新行为。因而，我们必须时常提醒自己：不要被权威牵着鼻子走。只有做到这点，我们才能在创新的道路上快步前进。

一味跟着别人走就没有出路

现实生活中,很多人笃信权威,没有自己的个性和见解,没有自己的独立思维,专家说什么就是什么,专家说什么就信什么,认为专家说的话、做的事永远是对的。

日本的小泽征尔是世界著名的音乐指挥家。在他成名前,有一次去欧洲参加音乐指挥家大赛。决赛时,他被安排在最后一位。小泽征尔拿到评委交给的乐谱后,稍做准备,便开始全神贯注地指挥起来。

忽然,他发现乐曲中有一点不和谐。开始他以为是演奏错了,就让乐队停下来重新演奏,但仍觉得不和谐。

于是,小泽征尔认为乐谱有问题。可是在场的作曲家和评委会的权威们却郑重声明,乐谱不会有问题,是他的错觉。

面对几百名国际音乐界的权威人士,小泽征尔也对自己的判断产生了犹豫,但他考虑再三,坚信自己的判断是正确的。于是,他斩钉截铁地说:"乐谱肯定错了。"他的声音刚落,评委席上的评委们立即站起来,向他报以热烈的掌声,祝贺他大赛夺魁。

原来这是评委们精心设计的一个圈套,以试探指挥家们在发现错误而权威人士又不承认的情况下,是否能坚持自己的正确判断。因为只有具备这种素质的人,才真正称得上是世界一流的音乐指挥家。而小泽征尔正是凭着自己对音乐造诣的信心和敢于质疑权威的胆识,获得了这次世界音乐指挥家大赛的桂冠。

但是,世界上最伟大的定理都有可能被推翻,就连牛顿、达尔文等科学家也有犯错误的时候。

因此,权威的结论有可能对,也有可能错。我们要敢于质疑权威,以严谨求真的态度对待身边的一切问题。

上小学时，伽利略是班上最聪明的学生，老师对他很满意。他的心中充满了各种各样的疑问，他总是问父亲：为什么烟雾会上升？为什么水面会起波浪？为什么教堂要造得顶上尖、底层大？晚上，他经常坐在室外观看星星，心里充满了各种奇妙的想法，有的问题连他的老师都回答不了。

随着年龄的增长，他的疑问更多了。

他17岁的时候，以优异的成绩考上了比萨大学医科专业。有一次上医学课，讲胚胎学的比罗教授照本宣科地说："母亲生男孩还是女孩，是由父亲身体的强弱决定的。父亲身体强壮，母亲生男孩，反之便生女孩。"

"老师，你讲得不对，我有疑问！"多疑好问的伽利略又举手发言了。

比罗教授自觉有失尊严，便神色不悦地说："你提的问题太多了！你是个学生，应该听老师讲，不要胡思乱想。"

"这不是胡思乱想。我的邻居，男的身体非常强壮，从没见他生过什么病，可他老婆一连生了5个女儿，这该怎么解释？"伽利略反问道。

"我是根据古希腊著名学者亚里士多德的观点讲的，不会错！"比罗教授搬出了理论根据。

"难道亚里士多德讲的不符合事实，也要硬说他是对的吗？"伽利略继续反驳。

比罗教授无以对答，只好怒气冲冲地威胁说："上课只能听老师讲！你再胡闹下去，我们就要处罚你！"

事后，伽利略果然受到了学校的训斥。但他勇于坚持真理，丝毫没有屈服，并从这时起，开始了对亚里士多德学说的质疑与探讨。

他深入钻研亚里士多德的著作，常常陷入沉思中。他想，亚里士多德的许多理论并没有经过证明，为什么要把它们看做是绝对真理呢？

抱着这样的疑问态度，伽利略开始了自己的探索之路。少年时代提出的种种疑问，后来都由他自己找到了答案。

检验真理的唯一标准是实践，而不是权威。任何以权威自居的人都旨在凭着自己的地位去压制反对意见，所以，权威不一定就是对的，反对意见也不一定就是错的。

认识到这些，我们就要敢于以自己不同的意见去质疑权威，这样才有可能跳出权威定式，获取更大的进步。

不轻信权威,敢于质疑权威,这是众多科学家取得成功的原因。正如韩愈告诫过我们的:"业精于勤而荒于嬉,行成于思而毁于惰。"我们在学习过程中一定要积极思考,有疑而问。一味地跟从于他人,就永远走不出自己的路。

魔力悄悄话

中国古语云:"学贵有疑,小疑则小进,大疑则大进。"杰出的地质学家李四光也有句名言:"不怀疑不能见真理。"打开科学史册,凡是有所作为的科学家无一不具有敢于质疑权威的精神。一部人类新历史的诞生、成长以及发展,实际上就是一个不断质疑、推翻、否定权威的过程。

你有勇气挑战权威吗

挑战权威不是说出来的,而是做出来的。挑战权威的人可能会遭到权威的打压和权威拥护者的反对,因而,挑战权威需要勇气。

在权威的"丰碑"面前,很多人会不由自主地失去挑战和超越的勇气:"那么多权威和专家都没能成功,就凭我,能行吗?"

但一个真正有勇气的人,不会这么想。

微软是计算机软件领域绝对的权威,但让人难以置信的是,微软居然也有自己解决不了的难题:它所开发的 Word 软件不能处理所有的科技文档。在科学和信息技术高度发达的今天,这可是一个大问题。

微软集中了精兵良将想解决这一难题,但苦攻多年,仍然没有结果。连微软都无法攻克的难题,偏偏就有一个中国人勇敢地发起了挑战,他就是湖北恩施的廖兆存。最终他将这一难题一举攻破,这个被誉为"补天石"的技术填补了软件世界的一个空白。

只要具有挑战权威的勇气,普通人也能取得辉煌的成绩。

2005 年风靡中国的《大长今》中的主人公长今就是一个勇于挑战、总是会有超出常规想法的女孩。正因如此,她从一个被放逐的罪人做到皇帝最信任的御医。

《大长今》中有这样一段故事:

百本对人体的药效极好,几乎所有的汤药之中都要加入百本。早在燕山君时代,百本种子就被带回了朝鲜,其后足足耗费了 20 年的时间,想尽各种办法栽培,可是每次都化为泡影。

当时在多栽轩有资历的御医告诉长今,朝鲜的土壤不适合种植百本。

但是得知百本的价值以后,长今决定要成功种植百本。

多栽轩的人听后说:"百本种植了 20 年都没有成功,你怎么可能种植成功呢?"

长今心中不服气：朝鲜真的不适合种百本吗？他们没有试过怎么知道不可以呢？

她开始了不断地尝试和探索。她不仅一遍遍地用不同方法种植，而且开始翻阅所有关于百本与种植方面的书。

经过不懈努力，长今终于成功地种植出了百本，创造了种植百本的方法，攻破了这个 20 年都没有人攻破的难题。

长今的成功是因为她没有盲目接受颇为资深的御医的思想，没有轻信权威人士的劝告。所有关于百本不适宜种植的惯性思维在她这里停止，并拐了一个 180 度的弯。

所以，鼓起你挑战权威的勇气吧，你可能比任何人都走得更远。

魔力悄悄话

无论是"权"还是"威"，都让人既感到压迫又无比威严。在大多数人眼里，权威给出的结论就是盖棺定论。但事实上，权威并不见得就完全正确，也不意味着高不可攀。权威只是说明暂时还没有人走得比他更远。

经验已经是过去式

哥伦布在横越大西洋的航程中，船上带了很多经验丰富的老水手。一天傍晚，一位老船员看见一群鹦鹉朝东南方向飞去，便高兴地说："我们快要到陆地了！因为鹦鹉要飞到陆地上过夜。"于是，哥伦布指挥船队向鹦鹉的方向追去，很快发现了美洲大陆。

我们生活在一个经验无处不在的世界里。从小到大，我们看到的、听到的、感受到的、亲身经历过的各种各样的大小事件和现象，都成了我们人生的智慧和资本。常听人说："我吃的盐比你吃的米都多，我过的桥比你走的路都长"。于是，人们常以自身经验多而自豪。

一般情况下，经验是我们处理日常问题的好帮手。只要具有某一方面的经验，那么在应付这一方面的问题时就能得心应手。特别是一些技术和管理方面的工作，丰富的经验显得更加重要。老司机比新司机能更好地应付各种路况，老会计比新会计能更熟练地处理复杂的账目。所以，很多时候，经验成了我们行动所依靠的拐杖。但经验不是放之四海而皆准的真理，经验也给我们带来不少沉痛的教训。因为经验是相对稳定的东西，是属于过去式的"历史"，而现实又是一直在不断变化发展的。所以，只凭借经验并不一定能解决所有的问题。

有一个关于小虎鲨的故事，它告诉我们：**有时我们会被经验所缚**。

小虎鲨长在大海里，当然很习惯大海中的生存之道。肚子饿了，小虎鲨就努力找大海中的其他鱼类吃。虽然有时候要费些力气，却也不觉得困难。

有时候，小虎鲨必须追逐很久才能猎到食物。然而这种难度随着小虎鲨经验的增加越来越不是问题，因此并不对小虎鲨的生存造成影响。

很不幸，小虎鲨在一次追逐猎物时被人类捕捉到。离开大海的小虎鲨还算幸运，一个研究机构把它买了去。关在人工鱼池中的小虎鲨虽然不自由，却不愁猎食，研究人员会定时把食物送到池中。

　　有一天,研究人员将一片又大又厚的玻璃放入池中,把水池分隔成两半,小虎鲨看不出来。研究人员把活鱼放到玻璃的另一边,小虎鲨等研究人员放下鱼之后,就冲了过去,结果撞到玻璃,疼得眼冒金花,什么也没吃到。

　　小虎鲨不信邪,过了一会儿,看准了一条鱼,"咻"地又冲过去,撞得更痛,差点没昏倒,当然这次也没吃到鱼。休息10分钟之后,小虎鲨饿坏了。这次看得更准,盯住一条更大的鱼,"咻"地又冲过去。情况没改变,小虎鲨撞得嘴角流血。它想,这到底是怎么回事? 小虎鲨趴在池底思索着。

　　最后,小虎鲨拼着最后一口气,再冲! 但是它仍然被玻璃挡住,这回撞了个全身翻转,鱼还是吃不到。小虎鲨终于放弃了。

　　不久,研究人员来了,把玻璃拿走,又放进小鱼。小虎鲨看着到口的鱼食,却再也不敢去吃了。

　　人类也很容易像小虎鲨一样被过去的经验所限制。如果你不想没有食物吃,那就勇敢地跨过经验这道门槛。

魔力悄悄话

　　经验告诉我们的只是过去成功或失败的过程,而不是未来如何成功的方法。你千万不要以为在人生这个广袤的大海里,只能抱着那些曾经的经验在祖辈开辟的领海中游弋。其实只要转一个方向,说不定就会发现另一片更加适宜的水域。

经验之谈束缚创新

我们来看下面这个故事：

在酒吧间，甲、乙两人站在柜台前打赌，甲对乙说："我和你赌100元钱，我能够咬我自己左边的眼睛。"乙伸出手来，同意跟他打赌。于是，甲就把左眼中的玻璃眼珠拿了出来，放到嘴里咬给乙看，乙只得认输。

"别泄气，"提出打赌的甲说，"我给你个机会，我们再赌100元钱，我还能用我的牙齿咬我的右眼。"

"他的右眼肯定是真的。"乙在仔细观察了甲的右眼后，又将钱放到了柜台上。可结果乙又输了。原来甲从嘴里将假牙拿了出来，咬到了自己的右眼！

乙连输两次的原因就在于他陷入了由经验造成的思维定式中。所以，经验也会"一叶障目"。

相信很多人都听过跳蚤的故事，以跳得高著称的跳蚤被装在盖了玻璃的器皿一段时间后，竟然只跳到低于器皿的高度。因为屡次的碰撞让它们形成了这样的经验定式：我的头顶有障碍物，我是跳不出去的。

由此可见，经验定式是多么可怕，它可能会把你本来可以发挥的潜能磨掉甚至扼杀。

一块玻璃就把跳蚤给框住了，很多人以为这只是动物试验，我们人类并没有什么框框，也不会受什么束缚，可以海阔天空地思考、无拘无束地做事情。然而实际情况并非如此。下面这个故事就证明了这一点。

一代魔术大师胡汀尼有一手开锁的绝活，他曾为自己定下一个富有挑战性的目标：无论多么复杂的锁，都要在60分钟之内打开。

有一个英国小镇的居民决定向胡汀尼挑战。他们特意打制了一间坚固的铁牢,配上了一把非常复杂的锁,向胡汀尼挑战。

胡汀尼接受了挑战,他走进铁牢,牢门关了起来。胡汀尼用耳朵紧贴着锁,专注地工作着。

30分钟过去了,45分钟过去了,1个小时过去了,锁还未打开,胡汀尼头上开始冒汗了。

2个小时过去了,胡汀尼还未听到锁簧弹开的声音。他筋疲力尽地将身体靠在门上坐了下来,结果牢门却开了!

原来牢门根本没上锁,是胡汀尼心中的门上了锁!

经验让开锁大师形成了这样的思维定式:按着步骤来,只要听到锁簧弹开的声音便大功告成。

这种固定的思维模式在以往或许十分管用,但在情况发生变化时它就像一把枷锁,牢牢地把大师的思维给套住了。

只要大师抛下以往的经验定式,没有上锁的牢门用力一推,便会打开。

一个小孩在看完马戏团精彩的表演后,随着父亲到帐篷外拿干草喂表演完的动物。

小孩注意到一旁的大象群,问父亲:"爸,大象那么有力气,为什么它们的脚上只系着一条小小的铁链?难道它无法挣开那条铁链逃脱吗?"

父亲笑了笑,耐心为孩子解释:"没错,大象挣不开那条细细的铁链。在大象还小的时候,驯兽师就是用同样的铁链来系住小象。那时候的小象,力气还不够大。小象起初也想挣开铁链的束缚,可是试过几次之后,知道自己的力气不足以挣开铁链,也就放弃了挣脱的念头。等小象长成大象后,它就甘心受那条铁链的限制,不再想逃脱了。"

正当父亲解说之际,马戏团里失火了。大火随着草料、帐篷等物燃烧得十分迅速,蔓延到了动物的休息区。

动物们受火势所逼十分焦躁不安,大象更是频频踩脚,却仍不试着挣开脚上的铁链。

炙热的火势终于逼近大象,只见一只大象将被火烧着,它灼痛之余,猛然一抬脚,竟轻易将脚上铁链挣断,迅速奔逃至安全的地带。

有一两只大象见同伴挣断铁链逃脱,立刻模仿它的动作,用力挣断铁链。其他的大象则不肯去尝试,只顾不断地焦急转圈踩脚,最后遭大火席卷,无一幸存。

在大象成长的过程中,人类聪明地利用一条铁链就限制了它,虽然那样的铁链根本系不住有力的大象。

难道我们只有等候生命中的那场大火逼得我们走投无路然后死里逃生时才选择挣断那些链条吗?如果那场大火燃不起来,我们是否也将被这些无形的链条束缚终生?

现在,尝试用力地抬一下脚,说不定你马上可以挣脱经验"链条"的羁绊。

魔力悄悄话

在我们的成长过程中,也有许多肉眼看不见的链条在系着我们,这些无形的链条就是经验、教诲,教训与世俗。它们编成一张大网,牢牢地把我们禁锢在里面。于是,我们像大象一样很自然地将这些链条当成习惯,没有试过也没想过要去挣脱它。这种经验定式的限制使我们失去了很多创新的机会,抹杀了很多丰富的创意,使我们没有突破性进展,最终无法成为一个开拓进取的人……

跳出经验定式

人们说某个年轻人初生牛犊不怕虎，可能有两种意思：

一种意思是指这个年轻人有胆识、有勇气；

另一种意思可能指这个人冒失，不知天高地厚。无论褒义还是贬义，我们总能听出这种声音：胆大，有冲劲。

刚出生的牛犊没有见过老虎，当然不知道老虎的凶残。就是说，它对老虎没有任何概念。

当牛犊看到老虎的时候，可能会把老虎看做一个普通的"侵略者"，本能地弓腰低头用角去撞，也可能把老虎当做是来访的"朋友"，友善地向老虎走去。

而见多识广、经验老到的老虎没见过那么勇猛的小牛，也没见过那么温驯的小牛，可能会被这种意想不到的情况弄得不知所措，落荒而逃。

如果是老牛，情况可能会完全不一样。老牛根据自己的"经验"和"见识"，知道老虎是多么恐怖的敌人，自己是斗不过老虎的。于是在碰见老虎后，或者四散逃跑，或者吓得骨酥腿软，无论哪一种情况，最后都可能落入老虎的腹中。

有这样一道益智题：

一个公安局长在茶馆里与一位老头下棋。正下到难分难解之时，跑来一个小孩，小孩着急地对公安局局长说：

"你爸爸和我爸爸吵起来了。"

"这孩子是你的什么人？"老头问。

公安局局长答道："是我的儿子。"

请问：两个吵架的人与这位公安局长是什么关系？

有人曾用这道题对100个人进行了测验，结果只有2个人答对。后来又有人将这道题对一个三口之家进行了测验，结果父母猜了半天没答对，倒是他们在读小学的儿子答对了。

这个问题的答案是：这个公安局局长是女的，两个吵架的人一个是她丈夫，另一个是她父亲。

没有猜出答案的人听了答案后肯定会恍然大悟，然后说，对啊！怎么那么简单的关系我没想到呢？为什么能答出来的人那么少呢？原来是经验定式在作怪。

根据经验，人们总是把"公安局长"与"男性"联系在一起，更何况还有与"男性"有联系的"茶馆""老头"等来强化这种经验定式。所以如果从经验出发来回答这道题，就很难找到答案。那位小学生因为经验少，容易跳出经验定式，因此轻而易举地找到了答案。

不受经验所拘束能够成为我们的一种优势，可以让我们更具有创造性地解决问题。

下面的故事可以给我们这样的启示：

埃及总督穆罕默德·阿里奉命讨伐韦哈比人，虽然打了一些胜仗，但难以攻破韦哈比政权的中心地带内志，因为那里的军队十分强悍。

一天，穆罕默德·阿里和他的将领们在讨论军队司令人选时，有几个将领争论了起来，他们都认为如果自己得到指挥权就能征服内志。

穆罕默德·阿里示意他们停止争论，他拿出一只红苹果，放在大地毯的中央，对将领们说："征服内志的任务十分艰巨，就像我们不能踏上这块地毯而要抓到这只苹果一样。谁能这样抓到苹果，谁才能征服内志。"

将领们一筹莫展，束手无策，只有穆罕默德·阿里的儿子易卜拉欣要求试一试。得到同意后，这位27岁的年轻军官走到地毯边，将它慢慢卷拢，卷到地毯中心时，他轻而易举地拿到了苹果。于是，父亲便任命他为司令。

经过2年奋战，易卜拉欣终于取得了成功。

若论带兵打仗、浴血战场的经验，总督的儿子肯定比不上老将领，但正是由于以往的经验禁锢了老将领们的头脑。

他们的思维活动顺着惯常的轨道进行，自然而然地把"卷地毯"这一脱离常规的做法排除在外，当然就难以找到答案了。可见，初生牛犊也有老牛们比不上的地方。

　　摆脱经验定式要求我们必须拓展思路，不被经验所缚。从某种意义上来看，经验是一种指导我们"只能怎样怎样""绝不应怎样怎样"的行动准则，对很多人来说，经验成了无法跳出的框框，束缚着他们的思维。

魔力悄悄话

　　青年人的经验少并不是一种缺点，而是一种优势，是"敢闯敢干"的代名词。所以，作为青年人，我们要有初生牛犊不怕虎的勇气和精神，发扬"敢闯敢干"这种精神，这样才能闯出一片新天地。

独辟蹊径的创新

古希腊有一个"戈迪阿斯之结"的故事。

凡是来到弗里吉亚城朱庇特神庙参观的人，都会被引导去看戈迪阿斯王的牛车。人们都交口称赞戈迪阿斯王把牛轭系在车辕上的技巧。

"只有很了不起的人才能打出这样的结。"有人这样说。

"你说得很对，但是能解开这结的人更加了不起。"庙里的神使说。

"为什么呢？"

"因为戈迪阿斯不过是弗里吉亚这样一个小国的国王，但是能解开这个结的人，将成为亚细亚之王。"神使回答。

此后，每年都有很多人来看戈迪阿斯打的结。各个国家的王子和政客都想打开这个结，可总是连绳头都找不到，他们根本就不知从何处着手。戈迪阿斯王死了几百年之后，人们只记得他是打那个奇妙结子的人，只记得他的车还停在朱庇特神庙里，牛轭还是系在车辕的一头。

有一位年轻国王亚历山大，从隔海遥远的马其顿来到弗里吉亚。他曾征服了整个希腊，他曾率领不多的精兵渡海到达亚洲，并且打败了波斯国王。

"那个奇妙的戈迪阿斯结在什么地方？"他问。

于是他们领他到朱庇特神庙，那牛车、牛轭和车辕都还原封不动地保留着原样。

亚历山大仔细察看这个结。他对身边的人说："过去许多人打不开这个结，都是陷入了一个窠臼，都认为只有找到绳头才能将结打开。我不相信，我不能打开这个结。我也找不到绳头，可是那有什么关系？"说着，他举起剑来一砍，把绳子砍成了许多节，牛轭就落到地上了。

亚历山大说："这样砍断戈迪阿斯打的所有结子，有什么不对？"

接着，他率领军队征服亚洲，缔造了一个从希腊到印度的空前庞大的帝国。

为什么"戈迪阿斯之结"成了无人能解的结？因为经验告诉企图尝试的人们,解结的方式就是要在不把绳子弄坏弄断的情况下将绳头找到,才能打开死结,但亚历山大却大胆跳出这种传统的经验,采取了违反常规的做法。新的想法、新的创造,成就了一个亚细亚之王。

因此,做事情的时候,我们也可以这样问自己:"这样做有什么不对呢?"

很多人都听过诸葛亮出师的故事。

诸葛亮少年时,曾和徐庶、庞统等人同拜水镜先生为师。5年拜师期满,这天早上,先生把大家召集起来说:"从现在起到午时三刻,谁能想出好主意,得到我的许可,走出水镜庄,谁就算学成出师了。"

弟子们陷入了深深的思索之中。

有的弟子说:"庄外失火了！我得出去救火。"先生微笑着摇摇头。

有的弟子谎称:"家有急事,要速归。"先生毫不理睬。

庞统说:"先生,如果你能让我出去,我一定能想出办法。请先生允许我到庄外走走。"先生不为之所动。

眼看午时三刻就要到了。诸葛亮脑子一转,计上心来。只见他怒气冲冲地奔到堂前,指着先生的鼻子破口大骂:"你这先生太刁钻,尽出歪题害我们,我不当你的弟子了！还我5年的学费！快还我5年的学费!"

这几句话把先生气得脸色发青,浑身颤抖,厉声喝道:"快把这个小畜生给我赶出去!"

诸葛亮却执意不走,徐庶、庞统好说歹说把他拉了出去。

但是一出水镜庄,诸葛亮哈哈大笑。他捡起一根柴棒,跑回庄内,跪在水镜先生面前说:"刚才为了考试,不得已冒犯恩师,弟子甘愿受罚!"说着,送上柴棒请罪。

先生这才恍然大悟,立即转怒为喜,拉起诸葛亮高兴地说:"为师教了这么多徒弟,只有你真正出师了。"

在上面的例子中,我们不难看出诸葛亮的智慧。"一日为师,终身为父",尊重恩师是千百年来前人留给后人的经验、教诲,违背的人就是大逆不道,甚至被世人所唾弃。但在解决问题的时候,为什么不对这种经验定式善加利用呢？水镜先生也深受这种经验的束缚，面对学生的不敬自然是怒火冲天，岂知中了诸葛亮的"圈套"。诸葛亮善用经验，跳出经验，为自己的出师开辟了一条新路。

勇敢跳出经验定式吧，为自己的创新开辟新路。

魔力悄悄话

经验本身没有错，它是前人留下的宝贵财富，对我们来说有很大的指导意义。但我们要在合适的时机用好经验，因为经验会让我们形成一种思维定式。有时候这种思维定式会变成一种枷锁，妨碍我们打开新思路，寻找新方法，时间长了还会削弱我们的创新力。

纸上得来终觉浅

书本知识对人类所起的积极作用是巨大的。书本知识是一种系统化、理论化的知识,是千百年来人类经验和体悟的智慧结晶,是人类有史以来共同创造的财富。因为有了书本,前一代人可以很方便地把自己的观念、知识和价值体系传递给下一代人,使后人能够站在前人的肩膀上再提高,而不必事事从零开始。因为有了书本,我们可以在片页之间向全世界古往今来的伟人和智者求教和展开思想交流,学习他们的智慧,丰富自己的学识,帮助我们更好地面对人生。

所以,通常情况下,只要我们做到"读书破万卷",就能"做事如有神"。

赤道地区,一位小学老师努力地给他的学生说明"雪"的形态,但不管他怎么说,学生也不能明白。

老师说:"雪是纯白的东西。"

学生以为:"雪像盐一样。"

老师说:"雪是冷的东西。"

学生猜测:"雪像冰激凌一样。"

老师说:"雪是粗粗的东西。"

学生就描述说:"雪像沙子一样。"

老师始终不能告诉学生雪是什么。

最后,他考试的时候,出了"雪"的题目,结果有几个学生回答:"雪是淡色的、味道又冷又粗的沙。"

南宋著名诗人陆游曾在《冬夜读书示子》中对他的儿子进行劝勉:

古人学问无遗力,少壮功夫老始成。

纸上得来终觉浅,绝知此事要躬行。

我们要不以得到纸上的东西为满足,应把书上的知识运用到实际中去,这样不但可免于浮躁，还可在实践中获得更多更丰富的知识。

很久以前，有一位学子不远千里四处访师求学，为的是学到真才实学。可让他感到苦恼的是，他学到的知识越多，越觉得自己无知和浅薄。

一次，学子遇见一高僧，便向他求教。高僧听了学子的诉说后，静静地想了一下，然后慢慢地问道："你求学的目的是为了求知识还是得智慧？"

学子大悟。

"纸上得来终觉浅"，我们只有真正把知识用在现实生活中，才能把"求知识"变为"得智慧"。

魔力悄悄话

我们学到的知识都是别人刻写在书上的，但是如果我们没有见过，没有亲身经历过，则很难深刻理解和体会所学东西的真正含义。

因此，书读得多并不能证明我们就学到了本领、掌握了知识，就像赤道上的孩子如果没见到雪，仅凭书本上的描述也永远无法想象出雪的样子来。

读死书的可悲

有些人以为自己读的书很多,掌握的知识很多,就自以为天下无难事。事实上,这种人属于学而不思的书呆子,遇到问题经常死搬教条。

所以,这种人读书是只能走进去,不能走出来。这种读死书的人很难有所成就。

"读死书,死读书"是一种很失败的学习方法,这种人只顾埋头读书,不善思考,只是拼命往脑袋里塞东西,却不会用大脑去消化和吸收。

读死书,死读书,学习而不思考,这种人不但为书所累,而且容易成为书的奴隶。

有位年轻人想学禅,找到一位著名的禅师。禅师开导他很长时间,可年轻人还是找不到入门的路径。

于是,禅师端起茶壶,朝年轻人面前的碗里倒茶。茶碗已经斟满,禅师还在不住地倒。年轻人终于忍不住,提醒说:"师父,别倒了!茶杯已经装不下了。"

禅师这才停住手,慢悠悠地说:"是啊,装不下了。你也是这样,要想学到禅的奥妙,就必须把头脑腾出空来,把充塞其中的幻象和杂念清除出去。"

听了此言,年轻人当下大悟。

从读书经历来说,人们大约总要经过几个阶段才能悟出其中的道理。有些人读书时,常常认为书中说的就是真理,对书本敬佩得五体投地,却从来不去思考。

书中说的就一定对吗?与现实吻合吗?不去质疑,不去消化,不去应用,脑袋就像填塞书的容器,当然学不到真正的东西。

爱因斯坦提出相对论后，人们对爱因斯坦的智力很感兴趣，有人拿当时十分流行的"科学知识测验"中的一些题目来考他：

"您记得声音的速度是多少吗？"

"您是如何拥有渊博知识的？"

"您是把所有东西都记在笔记本上并且随身携带吗？"

爱因斯坦回答说："我从来不携带笔记本，我常常使自己的头脑轻松，把全部精力集中到我所要研究的问题上。至于你问的声音的速度是多少，我必须查一下资料才能回答，因为我从不记在资料上能查到的东西。我在上学时就对那种要学生死记公式、人名、事件的教育十分不满，其实要想知道这些东西，在书本上很容易就能翻到，根本用不着上什么大学。人们解决问题依靠的是大脑的思维能力和智慧，而不是照搬书本。"

爱因斯坦之所以能提出那么多新理论，这和他的读书方法不无关系：他不读死书，也不浪费时间去死记硬背那些不值得记忆的东西；他善于放弃和清空死知识，使自己头脑始终保持一种轻松良好的状态；他边读书边思考，不受书本定式的束缚。

所以，他能够取得他人难以企及的成就。

读死书，盲目地崇拜书中之言，把书上所述奉为教条、视为宗旨，不结合现实进行思考，其结果就是死读书，成为一个地道的书呆子。现实社会不需要这种读书的机器，这种人只能被社会淘汰。

我们读书要边读边思，对书分析批判地读，做到取其精华、去其糟粕，这样才能有所进步、有所创新。

中世纪时，《圣经》在西方的地位是至高无上的。

按照《圣经》上的说法，太阳是圣洁无瑕的，绝不会有"黑子"。

有一次，一位教士借助望远镜看到了太阳黑子，这位教士自言自语道："幸亏《圣经》上已有定论，不然的话，我几乎要相信自己的眼睛了！"

过于信奉《圣经》竟导致教士否定了自己的亲眼所见。所以说，书本定式会遮住人们的视线，使人们看不清事物的真实面。

读书是获得知识的最佳方法之一，但是我们不应该被书绑住，不能淹没在书本知识的海洋里而浮不上来，否则还不如别读书的好。用孟子的话来说，就是"尽信书不如无书"。

在现实生活中,我们见过不少"饱学之士",他们天文地理、三教九流无所不知,仿佛是一部活的"百科全书"。但是,他们照本宣科,生搬硬套,"尽信书",给人们留下了笑柄。

有一个喜欢算命的人,不论做什么事都要翻他那本破旧不堪的《算命测字》来算一算。有一天,他想出门,刚跨出门槛一只脚,突然想起自己出门前还未看书呢,就只好一只脚站在门外,一只脚站在门里,声嘶力竭地喊他的儿子把书给他拿过来。儿子拿过书,他就匆匆忙忙地翻起来。这一翻不要紧,书上明明写着:"出门不宜,尽量少动。"他对儿子说:"儿啊,今天爹就在这儿站一天吧!你把吃的给爹拿过来,爹不挪步了。"儿子转身去给他拿吃的。这时,房顶突然间塌了下来,一下子把他压在地上。儿子急忙跑过去想把他弄出来,那时他已经被压得脸色发紫,但还是坚持让儿子看看书上怎么写的。

儿子看了书告诉他说:"书上写着'不宜动土'。"他摇摇头说:"唉,好倒霉啊,今天我就在土里活一天吧!你去把碗给我端在鼻子底下,我想喝水、吃饭你就喂我。但千万别动压在我身上的土,我怕动了会对咱家不利。"

看过这个笑话,你也许觉得可笑之极。然而,生活中那些对书本知识生搬硬套、不懂活学活用的人,恰恰无异于笑话里的"书呆子"。

20 世纪 50 年代,美籍华裔生物学家徐道觉的一位助手在配制冲洗培养组织的平衡盐溶液时,不小心错配成了低渗溶液,低渗溶液最容易使细胞胀破。他将低渗溶液倒进胚胎组织,在显微镜下无意中发现,染色体溢出时铺展情况良好,染色体的数目清晰可见。这本来已使徐道觉找到了观察人类染色体数目的正确途径,他已意外地获得了发现人类染色体确切数目的大好良机。可是他盲目相信美国著名遗传学家潘特 20 年代初在其著作中提出的"大猩猩、黑猩猩的染色体都是 48 个,由此也可以推断,人类的染色体也是 48 个"的说法而放弃了自己的独立研究,错失了一次本该属于他的重大发现。又过了几年,另一位美籍华裔生物学家蒋有兴也采用低渗处理技术,最终得出了人类的染色体不是 48 个而是 46 个的结论。

因为过于迷信著名遗传学家潘特的著作,竟让徐道觉放弃自己的独立研究,错失了一次创新发现的机会。高估书本的正确率,低估自己的发现能力,像前面的教士和算命人一样,不是因为不读书而失败,而是因书读得太多妨碍了自己的思考。从这个意义来说,"不信书"也许会让他们取得更大的进步。

读书是为了学知识,但我们不能盲目迷信书本,我们要学会批判性地读书,让书为我所用,并将书本知识与现实相结合,让知识为生活服务、为工作服务。做到这些,才是真正的"读书"。

魔力悄悄话

读书要注重边读边思考,要注重理解和感悟,不要死背教条,与思想脱离。顾炎武用"行万里路,读万卷书"来表达自己的主张;朱熹也曾提出"先须熟读,使其言皆若出于吾之口;继以精思,使其意若出于吾之心"。

"书为我所用"才是目的

赵括是赵国名将赵奢的儿子,从小熟读兵书,谈起用兵之道,连赵奢都对答不上来。但赵奢并不以为然。有人问其中缘由,赵奢说:"用兵不是简单的事情,学问很深,并不仅仅是读几本兵书的事情,而赵括只会纸上谈兵。"

后来,秦国进攻赵国,赵王听信谗言,撤回廉颇,任用赵括为将。秦国大将白起听到赵括为将后,带兵攻打赵营,然后诈败。这时,赵括根据兵书上"一鼓作气""除恶务尽"的教诲,出兵追击,结果被乱箭射死。

这便是"纸上谈兵"成语的出处,在纸上空谈兵法,解决不了实际问题。无独有偶,三国中的马谡也因迷信书本而丢掉了性命。

《三国演义》中,"熟读兵书,谙熟兵法"的马谡在守卫街亭的战斗中,不听王平劝阻,在山上屯兵,认为这样可"凭高视下,势如破竹";如敌兵截断水道,我军亦会"背水一战,以一当十"。

马谡的这些观点都能在兵书上找到依据,可白纸黑字的兵书与刀光剑影的战场毕竟是两回事。蜀军在被围后,不仅不能"以一当十",反而"军心自乱,不战而溃"。

最后,熟读兵书的马谡未能在战争史上留下一场经典之战,却因诸葛亮的"挥泪斩马谡"而"流芳百世"。

赵括和马谡的书本知识不可谓不精深,但由于他们不结合实际,一味从书本出发,不会活用书中知识,结果不仅未能享受到这些渊博的书本知识带来的好处,相反还因此招来了灾祸。

人们常说"知识就是力量",这句话实际上说得并不确切。确切地说,知识的运用才是力量。满脑子都是知识,但是这些知识一直隐藏在脑子里,从来都没有把它运用出来,这样的知识有什么力量呢?

如果一个人获得了一些知识,哪怕是很少的知识,但是他能把这些知识创造性地运用到实践中去,这种知识才会产生力量,才会实现它的价值。

所以,一个会读书的人,一个拥有知识的人,是一个能跳出书本定式,做到"书为我所用"的人。

魔力悄悄话

读书是为了获取知识,获取知识是为了运用,无法运用的知识毫无价值可言。知识贫乏不利于创新,知识太多又容易使人陷入书本定式,同样也不利于创新。我们要做的是灵活运用所学的知识,将本书知识活用到实践中,做到"书为我所用",进而达到创新的目标。

第四章 该用什么样的心态创新

儿童学习起来单纯、好奇和快乐,不会受到以往经验和看法的影响。

而我们成人学习总是受到以往的经验和看法的影响。

所以,我们要进行自我修炼,经常在头脑中要倒空茶杯中的旧茶水,这样,我们才能装进新的茶水。世界上不存在彻头彻尾的绝境。

上帝为你关闭一扇门的同时也会为你开启一扇窗,要想创造人生的财富,就要有积极主动的态度和不断思考的头脑。

到前沿去淘金

到前沿去"淘金"是最容易见成效的方式之一。因为,前沿地带不但是完全空白的市场,更是未来的导向。如果能够发现那些重要的,但被别人忽略或研究不透的问题,并把解决它们作为突破口,往往能够收到事半功倍的效果。

几乎每一天,都会有新的企业在我们身边成立,又几乎每一天,我们都可以见到某个企业倒闭的报道。每一个公司的领导者和员工都希望自己的企业产生日新月异的变化,持续健康地发展。为此,他们也想尽了各种各样的办法,但有时却又收效甚微。

在美国,40%的妇女因太胖而有个"特大号"的臀部,她们为此而忧心忡忡,从来不敢穿裤袜,认为裤袜虽然能使身材苗条的妇女更健美,也会使身材肥胖的妇女显得更臃肿。

美国的许多厂家,都认为胖女人不会穿裤袜,因此长期没有人开发。而雪菲德公司通过市场调查分析,得出了一种与众不同的意见:正是由于这些肥胖女人目前不穿裤袜,所以市场潜力很大。他们认为放弃这个40%的市场实在可惜,决定抓住这个不为他人所重视的领域,开辟新的销售市场。

于是,公司集中最优秀的设计人员,专门为胖女人设计出一种名为"大妈妈"型的裤袜。接着,该公司为"大妈妈"型裤袜大做广告。广告中,三位胖墩墩的妇女穿上裤袜排成一线,标题上写着"大妈妈,你真漂亮"几个大字。从侧面看,这三位妇女不但没有了肥胖的感觉,而且让人觉得很快乐而且充满自信。

广告发布后的一个月,雪菲德公司收到了7 000封表扬信,也掀起了胖女人争相购买裤袜的热潮。雪菲德公司就是在市场调研结果中捕捉到了极具潜效益的机遇,从市场的空白领域入手,最终奠定了该公司在裤袜市场的新地位。

創

Yahoo 创始人杨致远领先一步走到了前沿，看到了搜索网站的门户作用，于是在他 30 岁时他的个人资产就超过了 30 亿美元。

很多领导人都有机会带领企业成就一番事业，关键要看他们是否能找到可以淘到金的前沿。

让我们一起来看一下杨致远的创业轨迹吧。

杨致远在美国斯坦福大学研究生毕业后，留校与大卫·费罗合作，一起进行项目的研究，开始了两个人的博士课程。

杨致远和费罗的博士课程本来研究的是自动控制软件，不过不久后他们就发现这个方向已经被几个公司垄断了，发展的机会很小。就在这时，世界上出现了第一个网络浏览器，而这使得他们的命运发生了改变。

有了浏览器，杨致远很快就意识到这才是主导潮流的方向，他决定到最前沿去淘属于自己的金子了。

他们两人每天要把数小时的时间花费在网络上，分别将自己喜欢的信息链接在一起，上面有各种东西，如科研项目、网球比赛信息等，"雅虎"就是从这里发展起来的。

当时网络上已经存在了一些同类的搜索引擎，但同雅虎比较起来，这些索引搜索工具过于机械化，而雅虎则建立在"手工"分类编辑信息的基础之上，相对而言更智能、更实用。

到 1994 年年底，雅虎已经成为业界领袖。时至今日，雅虎的发展已经有目共睹。

当然，到前沿去淘金绝非易事，它需要我们付出相当大的努力，其中或许困难重重。

日本著名的科学家汤川秀树是第一个获得诺贝尔奖的日本人，也是继印度的拉曼之后，第二个获得诺贝尔奖的亚洲科学家。

日本有重视理论物理学的传统。从一开始汤川秀树就树立了远大的目标，他立志要在理论物理学，特别是量子理论方面大显身手。

当时，由于量子力学刚刚兴起，它的影响还未普遍地传播到日本，老师对新的量子力学也不了解，更没有开设这方面的讲座。汤川秀树只有依靠自学，直接从原始论文中获取这门新兴学科的知识。

由于量子力学最早是在德国发源的,当时根本没有相关的日文翻译著作。为了能更好地研究这门科学,汤川秀树决定自学德语。就这样,汤川秀树通过不断的努力,终于在量子力学领域取得了巨大的成功,成为日本第一个拿到诺贝尔物理学奖的科学家。

之后,以汤川秀树为核心的日本物理学界成了国际上一支不可忽视的力量。他成了日本量子力学的领头羊。

汤川秀树不但为日本争得了荣誉,也激励了日本国民对科学的进取心。

魔力悄悄话

如果每一个企业员工都能像这位科学家一样,不但有超前的眼光,更有在前沿拼搏的精神与毅力,那我们的企业又怎么能够不快速壮大呢?为此,我们必须超越自己,自觉地把自己放到创新的大环境中去比较,到最前沿去淘金。这样,我们才能获得最理想的创新效益,也才能把我国发展成为创新型国家。

细节是创新的关键

这是一个讲究细节的时代,满足于和别人一样好,没有竭力超越别人、争创一流的意识,很难从强手如林的角逐中胜出,而细节处的创新常常是决定成败的关键。

泰国的东方饭店堪称亚洲之最,不提前一个月预订是很难有入住机会的,而且客人大都来自西方发达国家。东方饭店的经营如此成功,他们有什么秘诀吗? 一位郭先生入住东方饭店的亲身经历可以为我们回答这个问题。

郭先生因为生意上的需要经常到泰国去,第一次下榻东方饭店感觉就很不错,这第二次再入住时,他对饭店的好感便迅速升级了。

那天早上,他走出客房去餐厅时,楼层服务生恭敬地问道:"郭先生是要用早餐吗?"他很奇怪,便反问道:"你怎么知道我姓郭?"服务生说:"我们饭店规定,晚上要背熟所有客人的姓名。"这令郭先生大吃一惊,因为他住过世界各地许多的高级酒店,但这种情况还是第一次碰到。随后,郭先生走进餐厅,服务小姐微笑着问:"郭先生还是要老位子吗?"郭先生更是惊讶了,心想尽管不是第一次在这里吃饭,但最近一次也隔了有一年多了,难道这里的服务小姐记忆力这么好? 看到他惊讶的表情,服务小姐主动解释说:"我刚刚查过电脑记录,您在去年的 6 月 8 号在靠近第二个窗口的位子用过早餐。"郭先生听后才明白,忙说:"老位子! 老位子!"小姐接着问:"老菜单,一个三明治、一杯咖啡、一个鸡蛋?"郭先生已不再惊讶了:"老菜单,就要老菜单!"

郭先生就餐时指着餐厅赠送的一碟小菜问道:"这是什么?"服务生后退了两步才说:"这是我们店的特色小菜。"经过询问,郭先生才知道服务生后退两步是怕自己说话时唾沫会落到客人的食物上,这种细致的服务不要说在一般的酒店,就是在美国最好的饭店里郭先生都没见过。

后来,郭先生有两年没有再到泰国去。可在他生日这天,他突然收到了一封东方饭店发来的贺卡,并附了一封信,信上说东方饭店的全体员工十分想念他,希望能再次见到他。郭先生当时激动得热泪盈眶,发誓再到泰国时,一定要住东方饭店,并且说服他的所有朋友都像他一样选择东方饭店。

其实东方饭店在经营上没有什么新招、高招,只是传统的办法——提供人性化的优质服务。只不过,它是在别人仅达到规定的服务水准之上更进了一步,在细节处创新,把人性化服务延伸到方方面面,落实到每个细节中去。也因此赢得了顾客的心,当之无愧地在激烈的竞争中夺魁。

从这个故事中我们得到的启示是:**要想获得成功,凡事都要比别人多做一点**。细节时代已经到来,那些质量粗糙的产品和服务再也不能像以前一样畅通无阻了。只满足于和别人做得一样好,没有争创一流的创新精神,很难在强手如林的角逐中胜出。

管理大师彼得·德鲁克说:"行之有效的创新在一开始可能并不起眼。"而这不起眼的细节,往往就会成就创新的灵感,从而让一件简单的事物有了一次超常规的突破。杜拉克认为,创新不是那种浮夸的东西,它要做的只是某件具体的事。企业要真正达到推陈出新、革故鼎新的目的,就必须要做好"成也细节,败也细节"的思想准备。否则,所谓的创新只能是一句空话。所以,创新不一定是"以大为美",但却绝不能对企业活动中的既不相同却又相互关联的每一个细节掉以轻心。

微软作为世界著名的大公司,从比尔·盖茨最初创业开始,就一直很注重细节之处的创新,直到现在,仍然处于领先地位。

在新经济时代,一批批新生代企业不断涌现,其"新陈代谢"的速度实在是惊人。或许昨天还是行业领袖,今天就有可能沦落谷底。

正如服装界中有这样一个规律,那些能最先推出新款式、新色系的厂商通常都是领导品牌时尚的佼佼者,而当大家在向他们学的时候,他们正在细节之处研究下一季度的创新产品是什么,因此他们始终走在了别人的前面。在微软公司从事的软件行业中,这个规律依然存在并发挥着作用。在微软公司源源不断的科研投入下,那些极富想象力的潜藏于细节之中的新创意接踵而来,其中包括:以互联网为基础的电视会议系统、语音识别和面孔识别技术、重要的数据采集技术等。

比尔·盖茨说:"我们相信人的潜力是无限的,因为我们认为人类的想象力是没有穷尽的。这不仅成为我们不断开发软件产品的原动力,更成为我们开展所有业务的动力。"

在微软公司特有的企业文化中,崇尚个性、崇尚自由,没有让员工整齐划一的规矩,从而给员工创造了一个充分发挥个人想象力的空间。在这样一个创新的氛围中,微软公司迎来了技术和产品上的创新大浪潮。正是这种在细节之处的不断摸索,不断改进,使得微软公司的创新之路常走常新。

魔力悄悄话

在这个大浪淘沙、适者生存的新经济浪潮中唯一不变的便是创新。而其中,细节创新往往就决定着成败,因此我们要时时刻刻地想着"我如何跟别人不一样,并且比他更好",而不是"我如何与别人一样好"。

创新就要逆境而上

人生路上充满艰难险阻,但并不是所有人都会被困难绊倒,困难也并非一无是处。只要随时都能以积极的心态面对,绝境之中也会有转机,甚至是一个化被动为主动、化险境为顺境的创业机遇。

正所谓"置之死地而后生",危机感会激发你最大的潜力,使你拥有无所畏惧的勇气,因此我们要把它当做创新的源泉之一。人的潜能是无限的,当前有很多成功励志的书讲的其实就是突破自我,激发你的潜在力量。这种潜能可以体现在人的身体上,如人在生死存亡的关头可以激发出扼死鳄鱼的力量,这多半是将人体内的潜在力量激发了出来。当然,这种潜能也可以转移到工作赚钱、创业经商的领域中来。根据对成功人士的长期研究发现,几乎每个成功者在创业中都经历过生死存亡的关头,一种是咬紧牙关挺过来,一种是穷则思变,在绝境中转变思路化险为夷。此两种人都能成功,但不说大家也明白,当然是后者更有大智慧。

不过有一点要明白,这里我们说的这个"绝境中激出大智慧",并不是非要把自己逼到悬崖绝壁处,跟小品里说的:"有困难要上,没困难创造困难也要上。"实际上,这里讲的是一种等待时机前的储备状态,就像豹子捕捉猎物前的蓄势待发,它不动则已,一击即中。随时保持着危机感,使你时刻处于精力充沛的良好状态,等到机遇一到就能把握住并获得成功。

中国商界精英史玉柱创业的传奇经历可谓是家喻户晓,其中最引人关注的是他从中国财富榜上一夜之间沦为"全国最穷的人"又再铸辉煌的故事。但更引人思考的是史玉柱能够在事业大起大落中,持续成功的必然性,其中最重要的就是他具备创新型的营销思维,这种理念使他能在逆境中反被动为主动,把负面舆论变成了成功的契机。

众所周知,善于营销的他曾策划把正在兴建的巨人大厦打造成"全国第一高楼",为此他投入了自己全部的资金甚至借了大量的外债,终至被拖垮。

就在这种负债累累的局面下,史玉柱仅仅用了一年就再次站了起来,复出的宣言即是"1亿元还债"。这次他利用的是绝境中唯一的武器"知名度",转换了角度把负面的失利影响变成了正面的信任度,利用当时鱼龙混杂的保健品市场,用"脑白金"品牌成功翻盘。既还了债,又做了广告,还树立了良好的社会形象,可谓一石三鸟。

再次成功的史玉柱吸取了以前的教训,他说,他现在每天都提醒自己"也许明天就会破产",巨人企业的"股价每涨一点,压力就大一点"。史玉柱利用绝境转变思路,靠创新反败为胜的故事再一次印证了"激发潜能靠创新"的科学性,但是史玉柱在"脑白金"之后,推出了"黄金搭档",接着跨领域做起了网游《征途》《巨人》等产品,而决定这一系列成功的,不止背水一战的偶然胜利,而是一种时刻保持着警惕性,时刻思考着突破创新的成功心态。

这个真实的故事告诉我们,要永远积极地对待事情,从看似无用的东西中发掘出它最大的价值,把阻碍发展的困境视为改变的契机。

也只有那些忍得住苦难,在绝境之中积极寻找出路的人,才能从困境中走出来,看到更多更美的风景,磨炼出更为成熟的心境。

李斯特是一名极其优秀的雇员,虽然才25岁,但已经是一名经验丰富的销售经理,也成了公司的支柱之一。可是在一天早晨,李斯特被告知"公司被卖掉了",更糟糕的是,买家在这个职务上准备另派人选,就是说从这一刻起李斯特失业了。这个消息不啻晴天霹雳,倾刻间,让李斯特感到自己的一切都失去了,甚至感到又要沦落到小时候那种贫困的生活中去。之后,这种失落的痛苦持续了好几个月。庆幸的是,李斯特通过思考最终从痛苦中走了出来,并且清楚地认识到自己的命运以前都掌握在别人手中,这次为什么不自己来掌握自己的命运呢?于是,他决定自己成立一个地毯销售中心,并从纽约搬到美国地毯之乡——佐治亚达尔顿。

在那里,李斯特花了整整7年时间,不仅使自己从一文不名的困境中走了出来,更让他以决定自己命运的姿态重新启程。现在刚过50岁的李斯特已经有了一家自己的地毯公司,资产已达3 000万美元。

今天,李斯特仍在为自己的事业而工作,不过大部分时间用于计划和管理他的投资。他已经完完全全地在为他自己工作了,实现了他对自己的诺言:真正掌握自己的命运。

其实,人生路上没有一帆风顺,处处都充满了艰难险阻。16 世纪人文主义思想家蒙田在随笔集中论灾难时说:"如果人们能够认识到灾难是由我们自己对事物的看法决定的,就会平和很多。"并不是所有人都会被困难绊倒,困难也并非一无是处。只要随时都能以积极的心态面对,绝境之中也会有转机,甚至是一个化被动为主动、化险境为顺境的创业机遇。

魔力悄悄话

世界上不存在彻头彻尾的绝境,上帝为你关闭一扇门的同时也会为你开启一扇窗,要想创造人生的财富,就要有积极主动的态度和不断思考的头脑。

小蛇吞大象

那些震惊商业的巨贾们都有着不断创新的头脑，往往对于别人来说是难以预料的市场，正是他们"浑水摸鱼"的好机会。大的风险也埋藏着巨大的财富，他们正是靠着临变善应的手段，演绎出一段段"小蛇吞大象"的传奇。

李嘉诚是排名世界巨富前25位的全球华人首富。李嘉诚仅有小学文化程度，但却取得了如此巨大的成功，着实让世人羡慕不已。那么，他成功的秘诀在哪里呢？

临变善应方显示英雄本色。李嘉诚出色的应变力对于他的成功起了决定性的作用。他反应敏锐，处事果断；他能进则进，不进则退。在20世纪50年代中期，欧美市场兴起了塑料花热，家家户户及办公大厦都以摆上几盆塑料制作的花朵、水果、草木为时髦。

李嘉诚当机立断，将其他生意放到一边，全力以赴投资生产塑料花，他的"长江塑料厂"一举成为世界上最大的塑料花生产厂家，他也被誉为"塑料花大王"。

20世纪60年代初期，塑料花生产仍被看好，但他预感到塑料花市场将由盛转衰，于是他审时度势，立即退出塑料花业，重操玩具业，使他避过了一场危机。20世纪60年代后期，我国香港经济起飞，地价不断上扬，李嘉诚迅速投资购买了大量土地。

1977年5月，香港为兴建中区的地铁中环和金钟站地面建筑而举行了公开招标。各大财团包括李嘉诚在内为争夺这块黄金地段的兴建权展开了激烈的竞争。

李嘉诚的主要竞争对手是英资怡和财团控制下的置地公司，因为它有强大的财力做后盾，素有"地产皇帝"之称。最终的结果大大出乎人们的意料，李嘉诚的"长江实业"战胜了实力雄厚的"置地公司"，开了华资吞并英资的先河,被人们称之为"小蛇吞大象"。

20 世纪 70 年代后期,香港股市非常火暴,李嘉诚迅速投资入市炒作,毫不手软。他首先瞄准的目标是英资怡和集团的"九龙仓",悄悄地买入,果断地抛出,净赚 5 900 万港元。

1978 年,李嘉诚又把目光对准了另外一家老牌英资公司"青州英妮",很快在股市上收购了"青州英妮"25%的股票,并出任该公司的董事。紧接着,李嘉诚集中火力,对英资和记黄埔穷追不舍,在股市上大量吸纳和记黄埔的股票。

1980 年 11 月,通过 1 年不间断的努力,李嘉诚的资产就像吹气泡一样迅速地膨胀起来……

进入 21 世纪,我们所处的时代呈现出如下的发展特点:一是高速度,二是快节奏,三是多变化。这些特点对每个人提出了高于以往任何时代的要求,其中最重要的是:要像李嘉诚一样,具有应付瞬息万变的发展的能力!

同样,跟李嘉诚属于同一时代的另一枭雄船王包玉刚,也是靠着频频上演商战经典而出名,尤其和李嘉诚合作炒卖"九龙仓"的双赢战略,成就了两位商界精英的佳话。

1955 年,包玉刚进入船运业,当时他用 20 万元买了一条被风吹浪打了 28 年的名叫"金安号"的旧船,他的这一举动遭到了几乎所有亲友的强烈反对。

因为船运业不仅需要庞大的资金,而且风险极大,可是包玉刚力排众议,毅然投身到船运业。他认为,香港拥有天然的深水泊位和充足的码头,自 1911 年中国陷入动荡不安的年代以来,香港平静的海面就为国际贸易提供了可靠的大门,经营船运在香港具有很大的潜力。

第二次世界大战之后,世界经济复苏,各地之间的贸易往来日渐增多。因此,包玉刚坚定地认为,船运是最廉价的一种运输方式,必将大有作为。包玉刚经过多年的苦心经营。到 1978 年,已拥有一支 200 多条船、2 000 万吨运输能力的庞大船队,荣登"世界船王"宝座。可是就在这一登峰造极的时刻,包玉刚又作出了令人惊讶的决定:减船登陆。

也就是这一举动,让他顺利地躲过了船运大萧条时期的灾害。包玉刚实行"减船登陆"战略大转移的第一仗堪称世界商战史上的经典之作。

在 20 世纪 80 年代之前，香港的经济命脉都是掌握在英资的手中的。但是在 80 年代初期，以李嘉诚、包玉刚为代表的一批华人豪杰，经过 20 多年的原始积累，羽翼渐丰，可以与英资公开叫板了。九龙仓是香港最大的码头，一直由香港四大财团之一的英资怡和洋行控制。包玉刚经营船运 20 余载，深知码头的价值，所以他减船登陆的第一步就选择了购买九龙仓的股份。

包玉刚仅用 80 多天时间就控制了九龙仓 30% 的股权，远远超过怡和洋行的 20%。怡和在大惊失色之后组织反扑，他们在一个周五股市收盘之后，突然宣布将以空前优惠的价格收购九龙仓的股份至 49%。而此时，包玉刚正在巴黎出差。

怡和把包玉刚推到了措手不及的境地：包玉刚准备反收购，周一上午开盘，香港有史以来最大的一场收购战打响了，但短短 2 小时战斗便结束了。证券商报价包玉刚要达到股权 49% 为 21 亿港元，包玉刚当即开出一张 21 亿港元的巨额支票。

怡和面对包氏雷霆万钧、排山倒海般的反收购攻势毫无还手之力。到此为止，包玉刚持九龙仓 49% 的股权，稳获控股地位，一跃成为九龙仓首任华人主席。美国《财富》和《新闻周刊》两杂志分别称包玉刚为"海上的统治者"和"海上之王"。欣欣向荣的事业终于使包玉刚誉满天下，而包玉刚也终于实现了自己毕生的理想。

富翁所真正富有的，不是拥有钱的实际数量，而是眼界和赚钱的手段。中国两位富翁李嘉诚和包玉刚的财富都是靠着自己临变善应的超人经商才能打拼出来的。

魔力悄悄话

洛克菲勒有句名言："即使你们把我身上的衣服剥得精光，一个子儿也不剩，然后把我扔在撒哈拉沙漠的中心地带，但只要有两个条件——给我一点时间，并且让一支商队从我身边经过，那要不了多久，我就会成为一个新的亿万富翁。"

持续不断的创新

亚马逊的总裁贝索斯说："没有一项科技能够保持永久的领先地位，同样没有一项创新可以使你保持永久的优势。"

从根本上来说，人类也总是喜欢新奇的东西，只有创新，才能吸引人。持续创新不仅是一种策略，也是一种基本需要。

世界上很多大型企业的成就就是来自持续不断地创新，韩国的三星公司就是其中的一员。

提到三星公司，你可能会立即想到三星的电子产品，其实三星电子公司只是三星公司的一个子公司。而且最初三星公司的产品跟电子产品根本没有任何关系。

1938 年，三星公司成立时只是将朝鲜半岛出产的干鱼、蔬菜和水果出口到中国东北地区和北京市场。后来，它又建厂开始了面粉及糖的生产和销售。

1945 年，朝鲜半岛摆脱了日本的统治，但是三星公司的经济环境仍不稳定，随后爆发的朝鲜战争更给朝鲜半岛的经济发展造成严重的影响。

此时，三星公司将它的宏伟蓝图定为重建朝鲜半岛的经济。1951 年 1 月，三星公司迈出了第一步，改变了原有的产品结构，进入了制造业。他们开始用国内生产的产品代替进口产品，为三星公司寻求新的出路，也适应了当时国内对于工业产品的需求。

在经历了 1960 年的革命和随后的军事政变以后，三星公司作为新兴的财团，逐渐扩大了经营领域，决定在未来进入五个战略性的关键领域——电子、化工、重工业、造船和航空，并成立了五个相应领域的公司。

1969 年在公司市场结构转轨的过程中，三星公司创立了三星电子公司。其董事长李秉哲认为：电子业是一个技术密集型行业，且是需要专业人才的高附加值工业，在国内及国外的发展潜力都很大。

这次具有划时代意义的创新产品结构转型为三星公司的发展注入了新的活力,使其具有了巨大的市场潜力。

起初,三星公司的目标是对主要电子产品进行大规模的生产。为了达到这个目标,他们开始生产仿造产品,许多都是以日本的产品为基础。

1970年,三星电子与日本制造商三洋公司合作生产了它的第一批黑白电视机。1971年,三星公司开始转向国内市场独自生产,并于1972年开始出口产品。随着引进第一台彩色电视机的生产,1978年三星公司的出口额突破1亿美元,成为世界上最大的彩色电视机制造商。

虽然已经取得了不小的成绩,但是三星公司并不满足于替别人加工产品的境地。20世纪80年代,三星电子公司在美国圣塔卡拉和日本东京设立了研究开发中心,凭借着所开发的16M DRAM芯片,使三星公司在世界半导体制造商中排名第13位。

1993年,刚刚进入手机市场没多久的三星公司,年销售额就达到了400亿美元。

在进行了几年技术模仿后,三星公司的董事长李健熙意识到,公司进步的唯一途径是从技术的跟随者上升为技术的领导者,而只有通过在所从事的每个领域内都进行不断地创新才能够做到。

而且今天的创新,很可能成为明天超越的对象。要想获得持续长久的成功,除了具备现有在半导体技术、机械、精加工和大规模生产所具有的优势以外,企业还必须具备品牌影响力、物流和知识产权管理的能力。而具备这些因素最为关键的是,它必须"在工作方法和思维方式上进行创新"。为此,三星电子公司必须"以顾客和市场为导向,开发和积累新技术",它只有恪守"处处创新,时时创新"的创新理念,才有可能成为世界第一,成为领导变革和创新的领先企业。

1993年,三星公司设计了新的企业标识和新的经营策略,后者意在总结过去的经验和教训,回顾它是怎样一步步走向世界的。三星公司开始追求全面的质量驱动和最佳的战略。

随后的7年中,三星公司果然从质量的竞争者转变成了拥有大量技术的领导者。它随后生产的所有产品总是在某一方面具有创新意义,并且处于世界的领先地位。

三星公司把创新当成永久策略,在发展中集聚了公司的实力,扩大了公司对风险的承受力,成功地渡过了1997年的经济危机,让三星公司成为此行业中的全球"发动机"。

三星公司在《财富》排行榜上的位置由 2000 年的第 139 位在 2005 年飙升到第 39 位。

现如今,三星公司继续谱写着一曲曲创新的宏伟乐章,并且努力让创新作为公司成长的主要手段和不断完善的驱动力。

我们从三星公司的发展之中可以很清楚地看到,创新绝非一劳永逸的事情。今天的创新,很可能就会成为明天超越的对象,我们决不能抱着原有的"创新"不放,而必须长久而持续地挖掘新的创新点。

魔力悄悄话

创新绝非一劳永逸的事情。今天的创新,很可能就会成为明天超越的对象,我们决不能抱着原有的"创新"不放,而必须长久而持续地挖掘新的创新点。

危难之中的新思路

就一个企业自身来讲，既然出了问题，就表明从未有过类似的解决办法。这也正是我们创新的大好机会，只要沿着这条路走下去，发掘问题的另一面，就必然能有很大的突破。

我们都知道肯德基，它的创始人是山德士上校。山德士在40岁时，开了一个加油站。由于来往加油的客人很多，山德士就有了一个新想法，就是想做点方便食品，给前来加油的客人提供便利。

山德士的手艺不错，于是他就推出了自己的特色食品，这就是后来闻名于世的肯德基炸鸡的雏形。由于味道独特，食用简洁方便，因此很快就受到了人们的欢迎。于是山德士就在马路对面又开了一家餐馆来专营炸鸡，后来又加盖了一个汽车旅馆。

这样，在著名的霍德华、约翰逊汽车旅店建成之前，山德士成为第一个集食宿和加油为一体的企业联合体。

本来山德士的经营已经走上了正轨，但是第二次世界大战爆发了。战争的爆发给山德士造成了一定的影响，因为在战争期间实行汽油配给，他的加油站关门了，他不得不专心经营自己的餐馆。

然而问题并没有就此结束，反而有更大的问题扑向他：新建横贯肯塔基的跨州公路计划最后确定并向大众公布了，山德士餐厅所在地旁的道路被新建的高速公路所通过。

这对山德士是个巨大的打击，山德士不得不变卖资产以偿还债务，所得的款项只相当于公路通车前总资产的一半。为了偿清债务，连他的银行存款也用光了。

一下子，哈兰·山德士，这位昔日受人尊敬的富翁上校变成了一个一文不名的穷人。山德士是如何面对困境的呢？难道就这样穷困潦倒地度过余生吗？山德士并不甘心就此放弃。苦思冥想之中，一个想法跳入了他的脑海,他想起曾经把炸鸡作料卖给犹他州的一个饭店老板。这个老板干得不错,因此又有几个饭店老板也买了他的炸鸡作料。

于是,山德士又想到了一个再创业的新思路。他带着一只压力锅,一个50磅的作料桶,开着他的老福特车上路了。他到每一家饭店的门口,兜售他独创的炸鸡秘方,要求给老板和店员表演炸鸡。如果他们喜欢炸鸡,就卖给他们特许权,提供作料,并教他们炸制方法。

起初,没有人相信他,饭店老板根本就不愿意浪费时间听山德士讲什么炸鸡秘方。功夫不负有心人,整整两年,山德士被拒绝了1 009次,终于在第1 010次走进一个饭店时,得到了一句"好吧"的回答。

山德士相信:有了第一个,就肯定会有第二个。在山德士的坚持之下,终于有越来越多的人接受了他的炸鸡秘方。

1952年,盐湖城第一家被授权经营的肯德基餐厅建立了,这便是世界上餐饮加盟特许经营的开始。紧接着,山德士以令人惊讶的速度扩展着他的业务,他的业务像滚雪球般越滚越大。在短短5年内,他在美国及加拿大已发展了400家连锁店。

由此可见,出现问题并不可怕,可怕的是躲避问题。因此,我们不应该害怕出现问题,因为每一个问题的出现,都表示个人或企业面前出现了一个新的机会。

1941年,日本偷袭珍珠港,美国对日宣战。在美国国内,紧张的战事影响了国民经济的发展,许多企业濒临倒闭,可口可乐公司也不可避免地陷入了经营的困境之中。

当时任可口可乐总裁的是罗伯特·伍德鲁夫,销量的急剧下降让他一筹莫展。然而正是这个巨大的问题,却最终让他看到了巨大的契机,那就是——创造性地让可口可乐"参军"!于是,伍德鲁夫让人印制了大量的小册子——《完成最艰苦的战斗任务与休息的重要性》,向政府、国防部和国会议员赠送。

与此同时,可口可乐公司开展了强大的公关战,让美国陆军部深信可口可乐是"提高士气"的最佳饮品。于是,可口可乐成为美军专用的饮料,由美国国防部提供巨额的人力、物力和财力作为军需品来生产和维持,并且被允许在军队驻地办饮料装瓶厂。

创新力——江山代有才人出

艾森豪威尔将军指挥他的军团登陆北非后，要求补充的第一件军需品不是枪炮之类的武器，而是可口可乐。而且除了300万瓶以外，还要有每天能生产20万瓶的机器设备。巴顿将军更是要求他的军队打到哪里，装瓶厂就必须也随着搬到哪里。

在这场战争期间，美国国内有许多企业都倒闭了，但可口可乐公司凭借着它创造性的新思路非但没有遭此劫难，产量反而直线上升，达到了当时世界上的饮料销量之最，仅是美军们就喝掉了100多亿瓶可口可乐。

可见，在遇到问题，特别是重大问题时，企业或个人只有创造性的思维，才能从容应对企业发展中的问题，不但使自己转危为安，还能够登上更加辉煌的新台阶！

魔力悄悄话

创新的思路往往就在那些产生麻烦的日常生活中，有时候问题越大，成功的机会也越大。一个时刻保持着创新思维的人，总是能从身边的小事儿中发现问题，并从解决办法中找到商机，成就自己的财路。越是巨大的问题，往往越蕴涵着巨大的创新机会。

"柳暗花明又一村"

学会改变自己的思维，能使你在遭遇困境时找到峰回路转的契机。你应该相信，危机往往也是转机。

在一次某家电公司的会议中，高层主管们正在为推出新的加湿器制订宣传方案。在家电市场上，加湿器早就非常多了，而且每个厂家都在绞尽脑汁做广告，让自己的加湿器更显眼、更出众以争夺顾客。在这样激烈的竞争中，怎么将自己的加湿器成功地打入市场呢？所有的主管都为此绞尽脑汁。

大家都在讲自己的方案，都认为自己的最出色，老板越听眉头皱得越紧，这时，一个一直沉默的主管说道："加湿器为什么一定要戴上家电的'帽子'呢？"所有人都愣住了，他接着有条不紊地说："是这样的，一次我看到我妻子在用美容喷雾剂，那么，既然市场有需要，我们为什么不定位在美容产品上呢？"

听他这么一说，老板一直皱着的眉头就舒展开了，一拍桌子："好主意！我们就这样推销公司的加湿器！"果然效果非同凡响，新的加湿器一上市，就成功抢占了市场，当然，这和他们新颖的创意宣传是分不开的。重新给商品定位，让顾客耳目一新，也让该公司避开了惨烈的竞争，独享一片天地。

换一种思维，换一个角度，就可能让你开辟出一片新天地。在工作中，新思维能帮助你抢占先机，赢得胜利，也能让人更乐观，更加充满希望。

有两个观光团去日本伊豆半岛旅游，路上坑坑洼洼，一个导游不停地道歉，说这个路面就是这样，像麻子一样，他会建议公司把这段路修平整。而另一个导游却诗意盎然地对游客们说："亲爱的女士们、先生们，我们现在正走在赫赫有名的'伊豆迷人酒窝大道'！"

当你在工作中遭遇困境的时候,学着换一种眼光和思维看问题,相信你一定能够化逆境为顺境,化问题为机遇。相信第二个观光团的旅客们听到那么机智幽默的解释的时候,心里一定会涌起许多浪漫的情怀,至少不会因为路上有坑儿而沮丧。无疑,那位导游是值得欣赏的,她的职业生涯也会顺利不少。

在中国陕北黄土高原的一个地方,特产一种苹果,因为其温差大,日光足,所出产的苹果格外香甜,销路一直都非常好。但是有一年,恰好在苹果熟了的时候,天公不作美,下了一场大冰雹,很多苹果都被打得遍体鳞伤,果农一下子陷入无助的境地。但是一个果农已经把苹果预定出去了两千吨,面对这突如其来的灾难,他该怎么办?即使降价,损失也非常大啊!

事情是这样吗?不!这位果农仔仔细细地查看了受伤的苹果,突然想到了一个好办法,他迅速打出了广告——高原苹果,味道美妙独特,那被冰雹打出的疤痕,是它特有的标记,谨防假冒,认清疤痕。奇迹出现了,那些疤痕苹果远远比好苹果更畅销,以至于后来一批厂家专门订购出现疤痕的苹果。而果农也因此摆脱了窘境,大赚了一笔。

看吧,换一种思维,放开大脑,寻找最棒的方法来解决问题,不仅能减少损失,还能创造奇迹。

从前,有位秀才上京赶考。考前几天,他一直重复做了两个梦,第一个是梦见自己爬到屋顶上种菜,第二个梦是大白天里他撑着把伞。

秀才感觉非常奇怪,就去问店伙计。

店伙计一听说:"客官,你还是回去吧!你想想,屋顶上种菜,和瞎子点灯一样,白费劲!不下雨你都打伞,岂不多此一举?"

秀才一听,心灰意冷,收拾东西准备回家。店老板不解地问:"这都快考试了,你怎么回乡了?"秀才垂头丧气地把店伙计的话说了一遍,店老板哈哈一笑,"我也研究过一段时间解梦,我倒觉得那两个梦别有深意,你想,屋顶上种菜,不就是高中吗?大白天打伞说明你有备无患吗?"秀才听后,觉得也有道理,就欢天喜地地去参加了考试,果真高中。

学会改变自己的思维,能使你在工作中、遭遇困境时找到峰回路转的契机。你应该相信，危机往往也是转机。遇到问题的时候，不要在脑袋里画地为牢，让困难锁住你的思考，而是要试着换一个角度，换一种思维去思考，这样你就可以化逆境为顺境，化问题为机遇，从而寻找到成功的钥匙。

魔力悄悄话

　　有的时候，我们无法改变自己的外在处境，但是我们可以通过换一种思维，让事情"柳暗花明"。世界上没有死胡同，适当地更换自己的思维，放弃盲目的固执，改变自己的思路，理智地思考，认真地改变，就可能发现事情的转机。

积极让创新的火焰不灭

成功学大师拿破仑·希尔在数十年的研究中发现,人与人之间之所以有成功与失败的巨大反差,心态起了很大的作用。

他认为,我们每个人都佩戴着隐形护身符,护身符的一面刻着PMA(积极的心态),一面刻着NMA(消极的心态)。PMA可以创造成功、快乐,使人到达辉煌的人生顶峰;而NMA则使人终生陷于悲观沮丧的谷底,即使爬到巅峰,也会被它拖下来。

这个世界上没有任何人能够改变你,只有你能改变你自己;没有任何人能够打败你,能打败你的也只有你自己。

古代波斯(今伊朗)有位国王,想挑选一名官员担当一个重要的职务。他把那些智勇双全的官员全都召集了来,想看看他们之中究竟谁能胜任。

官员们被国王领到一座大门前。面对这座来人中谁也没有见过的国内最大的大门,国王说:"爱卿们,你们都是既聪明又有力气的人。现在,你们已经看到,这是我国最大最重的门,可是一直没有打开过。你们中谁能打开这座大门,帮我解决这个久久没能解决的难题?"

不少官员远远地望了一下大门,连连摇头。有几位走近大门看了看,退了回去,没敢去试着开门。另一些官员也都纷纷表示,没有办法开门。这时,有一名官员走到大门下,先仔细观察了一番,又用手四处探摸,用各种方法试探开门。几经试探之后,他抓起一根沉重的铁链,没怎么用力拉,大门竟然开了!

原来,这座看似非常坚固的大门并没有真正关上。任何一个人只要仔细察看一下,并有胆量去试一试,比如拉一下看似沉重的铁链,甚至不必用多大力气推一下大门,都可以打得开。

如果连摸也不摸,看也不看,自然会对这座貌似坚牢无比的庞然大物感到束手无策了。

国王对打开了大门的大臣说:"朝廷那重要的职务,就请你担任吧!因为你不局限于你所见到的和听到的,在别人感到无能为力时,你却会想到仔细观察,并有勇气冒险试一试。"

接着,他又对众官员说:"其实,对于任何貌似难以解决的问题,都需要我们开动脑筋,仔细观察,并有胆量冒一下险,大胆地试一试。"

那些没有勇气试一试的官员们,一个个都低下了头。

并不是其他官员没有能力打开那扇大门,只不过他们一开始就败给了消极的心态。他们因恐惧失败而退却,从而放弃了成功的机会。那位能成功推开大门的官员却拥有积极向上的心态,无论成功还是失败,他都积极地去尝试。

创新领域也一样,它就像那扇虚掩的大门,只要你积极一点,多一点前进的动力,你就可以推开创新的大门。

科尔刚到报社当广告业务员时,经理对他说:"你要在一个月内完成20个版面的销售。"

20个版面,1个月内?科尔认为这太难了。因为他了解到报社最好的业务员一个月最多才销售15个版面。

但是,他不相信有什么是"不可能"的。他列出一份名单,准备去拜访别人以前拜访不成功的客户。去拜访这些客户前,科尔把自己关在屋里,把名单上客户的名字念了10遍,然后对自己说:"在本月之前,你们将向我购买广告版面。"

第一个星期,他一无所获;第二个星期,他和这些"不可能的"客户中的5个达成了交易;第三个星期他又成交了10笔交易;月底,他成功地完成了20个版面的销售。

在月度的业务总结会上,经理让科尔与大家分享经验。科尔只说了一句:"不要惧怕被拒绝,尤其是不要惧怕被第1次、第10次、第100次甚至上千次的拒绝。只有这样,才能将不可能变成可能。"

报社同事给予他最热烈的掌声。

科尔用积极的实际行动创造了销售的奇迹。

创新力——江山代有才人出

在积极者的眼中,永远没有"不可能",取而代之的是"不,可能"。积极者用他们的意志和行动证明了只要积极地迈开第一步,就有创新下去的动力和勇气。

魔力悄悄话

很多人将自己能不能创新归于外界的因素,认为是环境决定了他们的创新成果。但事实并非如此。心态是一个人创新成败的关键因素,而拥有积极的心态是十分重要的。积极是成功者进行创新的动力,积极是人们创新的助推器。

创新要主动

主动是一种积极的心态，也是创新的一种方法，主动的人总能用最快的脚步追赶创新。

工作中，那些获得创新成就的人都是积极主动的人，他们确信自己有能力完成任务。这种人的主动性和积极性是发自内心的，而不是来自他人的嘱咐。

也就是说，他们不是凭一时冲动做事，也不是只为了得到老板的称赞而工作，而是自动自发地、不断地追求完美。

罗伯是一家大公司的业务经理，在他的办公桌上满是签条、函电、合同和资料。他正在电话里跟两个人商谈，还有两个客户坐在他对面，等着和他谈话。

他看了看约会的登记本，记下他要参加的另一个重要会议。此外，他还得口授几封信，并且……这样大的工作压力，对一般人来说，实在是令人难以想象。

让我们看看罗伯是怎么做的吧！

罗伯热忱地对待他的来宾，凝神地聆听他们的陈述，尽其所能地回应他们的需求。

他拿起电话，立即与相关的人进行沟通。然后他又转向他的来宾，告诉他们，他对所谈的事情将采取怎样的行动。他对通话机口授一封信，然后回过头来问他的来宾对他的决定是否感到满意。得到满意的答复之后，他把他们送至大门口，和他们亲切握手道别。

把握今天就等于拥有两倍的明天。你必须抱着把今天的事情做完、做好的心态来对待你现在的工作。如果你现在已经在想了，那就立即行动，只有现在是可以把握的，只要做下去就好。

在做的过程中，你的心胸会越来越开阔，并获得创新的可能。只要是以这种主动的态度开始,不久之后你就可以成功地追赶上创新的脚步。

我们常常认为只要准时上班,按点下班,不迟到,不早退就是完成工作了,就可以心安理得地去领工资了。

而实际上,工作首先是一个心态和态度问题,工作需要热情和行动,工作需要努力和勤奋,工作需要一种主动进取、自动自发的创新精神。积极主动的员工将获得更多的创新机会。

麦迪和罗斯一起进入一家快餐店,当上了服务员。他俩的年龄一样大,也拿着同样的薪水。可是工作时间不长,麦迪就得到了老板的嘉奖,很快被加薪,而罗斯仍然在原地踏步。

面对罗斯和周围人士的牢骚与不解,老板让他们站在一旁,看着麦迪是如何完成服务工作的。

在冷饮柜台前,顾客走过来要一杯麦乳混合饮料。麦迪微笑着对顾客说:"先生,您愿意在饮料中加入 1 个还是 2 个鸡蛋呢?"

顾客说:"哦,1 个就够了。"

这样快餐店就多卖出 1 个鸡蛋。在麦乳饮料中加 1 个鸡蛋通常是要额外收钱的。

看完麦迪的工作后,经理说道:"据我观察,我们大多数服务员是这样提问的:'先生,您愿意在您的饮料中加 1 个鸡蛋吗?'而这时顾客的回答通常是:'哦,不,谢谢!'对于一个能够在工作中主动发现问题、主动解决问题的员工,我没有理由不给他加薪。"

要创造性地完成任务,最重要的一条就是要克服被动工作的习惯。拿破仑·希尔曾经说过:"自觉自愿是一种极为难得的美德,它能驱使一个人在不被吩咐应该去做什么事之前,就能主动地去做应该做的事。"

拿破仑·希尔还说过:"这个世界愿对一件事情赠予大奖,包括金钱与荣誉,那就是自觉自愿。"拥有自觉自愿美德的人肯定会获得世界赠予他的创新成就奖。

任何公司都需要那些主动寻找任务、主动完成任务、主动创新的员工。所谓主动,指的是随时准备把握机会,展现超乎对他们要求的工作能力,以及拥有"为了完成任务,必要时不惜打破陈规"的智慧判断力和创新精神。

主动积极的程度决定着创新的指数。那些取得创新成就的人和业绩平庸的人之间最大的区别就在于，善于创新的人总是能够主动做事，并愿意为自己的一切行为负责。所以，如果想登上创新之梯的最高处，就得永远保持主动率先的精神，拥有一种主动进取的良好心态。

魔力悄悄话

自动自发、具有主动进取心态的人，在任何地方都能获得创新成就。那些消极、被动地对待生活、工作，任何事情都要寻找种种借口的人，是注定与创新无缘的。

逆境中的创新之光

创新的路途不可能总是阳光灿烂,既有成功的喜悦,也有失败的烦恼;既会经历波澜不惊的坦途,更有布满荆棘的险境。

在挫折和磨难面前,畏缩不前的是懦夫,奋而前行的是勇者,攻而克之的是英雄。

逆境是一片惊涛骇浪的大海,你既可以在那里锻炼胆识、磨炼意志,获取创新宝藏,也有可能因胆怯而后退,甚至被吞没。这一切就看你采取何种态度面对创新路上的种种逆境。

对具有乐观心态的人来说,逆境算什么! 在挫折和失败面前,他们有永不言败的心态:**惭愧而不气馁,内疚而不失望,自责而不伤感,悔恨而不丧志,在失败中踏出一条新路,在逆境中看见创新之光。**

一天夜里,一场雷电引发的山火烧毁了美丽的"万木庄园",这座庄园的主人迈克陷入了一筹莫展的境地。面对如此大的打击,他痛苦万分,闭门不出,茶饭不思,夜不能寐。

转眼间,一个多月过去了,年已古稀的外祖母见他还陷在悲痛之中不能自拔,就意味深长地对他说:"孩子,庄园成了废墟并不可怕,可怕的是,你的眼睛失去了光泽,一天一天地老去。一双老去的眼睛,怎么能看得见希望呢?"

迈克在外祖母的劝说下决定出去转转。他一个人走出庄园,漫无目的地闲逛。在一条街道的拐角处,他看到一家店铺门前人头攒动。原来是一些家庭主妇正在排队购买木炭。

那一块块躺在纸箱里的木炭让迈克的眼睛一亮,他看到了一线希望,急忙兴冲冲地向家中走去。

在接下来的两个星期里,迈克雇了几名烧炭工,将庄园里烧焦的树木加工成优质的木炭,然后送到集市上的木炭经销店里。

很快,木炭就被抢购一空,迈克因此得到了一笔不菲的收入。他用这笔收入购买了一大批新树苗,一个新的庄园初具规模了。

几年以后,"万木庄园"再度绿意盎然。

创新是从不断的挫折和失败中建立起来的,它是一种结果,也是一种不怕失败、在磨难中永不屈服的能力。

松下幸之助说:"成功是一位贫乏的教师,它能教给你的东西很少;而我们在失败的时候,学到的东西最多。"

因此,不要害怕逆境,逆境是创新之母。没有逆境,就不可能有创新。那些创新不成功的人大多数是没有经历过逆境的人。

创新之路难免坎坷和曲折,有些人把痛苦和不幸作为退却的借口,也有人在痛苦和不幸面前寻得复活和再生。

只有勇敢地面对不幸和超越痛苦,永葆青春的朝气和活力,用理智战胜不幸,用坚持战胜失败,我们才能真正成为创新机遇的主宰,成为获得创新成就的强者。

第二次世界大战刚刚结束的时候,德国到处是一片废墟。有两个美国士兵访问了一家住在地下室的德国居民。离开那里之后,两个人在路上谈起感受。

甲问道:"你看他们能重建家园吗?"

乙说:"一定能。"

甲就问:"为什么回答得这么肯定呢?"

乙反问道:"你看到他们在黑暗的地下室的桌子上放着什么吗?"

甲说:"一瓶鲜花。"

乙接着说:"任何一个民族,如果处于这样困苦的境地还没有忘记鲜花,那就一定能够在这片废墟上重建家园。"

在逆境面前不忘记鲜花,昂首面对困苦,这样的民族必然会重新崛起。

威廉·詹姆斯说:"我们所谓的灾难很大程度上归结于人们对现象采取的态度,受害者的内在态度只要从恐惧转为奋斗,坏事就会变成令人鼓舞的好事。在我们尝试过避免灾难而未成功时,如果我们勇敢面对灾难,乐观地接受它,它的毒刺往往就会脱落,变成一株美丽的花。"

只有经历了风雨的彩虹才会放出美丽的光彩，只有在逆境中做出的创新才最弥足珍贵。

"宝剑锋从磨砺出，梅花香自苦寒来。"在逆境中奋起是获得创新成功的一种方式，不断突破逆境的创新是最甘美的果实。

所以，遭遇逆境时，不要灰心，不要绝望，我们要学会在逆境中遥望创新之光。

魔力悄悄话

"山重水复疑无路，柳暗花明又一村"。世间没有死胡同，就看你如何去寻找出路。正视逆境，不在困难面前退缩，才能开辟新路。人生之路如此，创新之道亦如此。

执着才能坚守创新

在人生的历程中,我们总会遇到很多困难。正因为这些困难和挫折的存在,我们内在的创新潜能才能得到更深层次的挖掘和利用。如果生活总是一帆风顺,那我们自身就不会获得更大的创新进步。所以,逃避困难的行为不仅是不现实的,而且不利于我们自身的进步和发展。因此,我们不应逃避困难,而应以积极的心态主动迎接困难,通过自己坚持不懈的努力最终克服困难、实现创新,这就是执着心态。

卡勒先生说:**"许多人的失败都应归咎于他们没有恒心。"**的确如此。大多数人虽然颇有才情,也具备成就创新的能力,但他们缺少恒心、缺少耐力,只能做一些平庸安稳的事情。一旦遭遇些微的困难、阻力,就立刻退缩下来,裹足不前。可见,不屈不挠、百折不回的执着精神是获得胜利的基础,拥有执着精神的人才能坚守创新。

我们来看一则关于小草的寓言。

一棵小草努力地在人生道路上行走。

"我还要走多久?"它大声地问命运之神。

"只要你还活着,只要你还有一口气,就要走。"命运之神用平静的声音回答它。"可是我已经走累了。我真的想躺下,永远不再起来。"小草哀求着,有气无力地说。

"如果你愿意,你可以选择死亡。"命运之神仍然很平静,而且平静中又多了几分冰冷。

小草的心被命运之神的态度深深刺痛了。它继续哀求着:"你为什么对我这么不公平?为什么不给予我健康和平安?为什么要让我饱受摧残和折磨?"小草的声音愁苦、悲凉……

"因为我是命运之神。任何生物的命运都由我来决定。我想让谁快乐,谁就快乐;我要让谁受苦,谁就受苦。这是我的特权,没人能改变,也不会提前和任何人言明。没有人能战胜我。除非选择死亡,否则休想摆脱我的操纵。"命运之神生硬、傲慢的回答分明带着嘲弄的意味。

小草的嘴唇咬出了血,心如刀绞。它跌倒在路上,泪水无声地滑落,它愤怒,它怨恨,然而换来的是内心的疲惫和更深的绝望。

小草注视着夜空,残月悲凉,星光冰冷。

忽然一颗流星横空滑过。小草的耳边响起父母慈爱的叮咛:"孩子,振作起来。命运可以对你不公,但是你不能向命运低头屈服。去看那颗流星。"

"打起精神,别被命运左右。自暴自弃不是你的性格,更不是你以后的人生路,鼓起勇气去寻找生活的真谛。"朋友真挚的话语在耳畔响起。

流星的飞逝,父母的深情,朋友的真诚,这一切使小草的内心思潮翻涌,有一种神奇的力量油然而生,小草终于重新燃起对生活的希望。

它仰天长啸,一种生命的尊严、一种生存的态度依声而生:是的,我有生命,生命就应该有尊严和理想。

是的,比起那些无所事事、已经丧失尊严和理想的健全人,积极生活、乐观向上的残障人是受人尊重的。它的心中产生了洪钟般的共鸣。

终于,它用尽所有力气站起身,向人生之路艰难地前进。命运之神露出嘲笑的目光,断定它不会坚持多久。

它跌倒,爬起;又跌倒,再爬起来……

它艰难地走着。它走过的地方,留下了血与泪的痕迹,还有和死神搏斗的迹象。

的确,它曾经迷茫困惑,曾经放弃和失落。但它仍在执著地走,为尊严,为理想。

命运之神给它金钱,给它名利,也给它一句话:"只要你放弃尊严,放弃理想,这些东西都是你的。"

它毫不犹豫地将这一切唾弃。

"你不喜欢金钱和名利?"有人问它。

"我知道金钱可以让我安逸地生活,知道名利可以让我获得虚荣。但是我绝不用尊严和理想去交换。"

"你是要为你的顽固付出代价的。"命运之神再一次威胁。

"就算如此,我仍然坚持我的理想!"小草的话掷地有声。

"你还能走多久?"命运之神大声地问它,语气中分明充满了畏惧。

"只要我还活着,只要我还有一口气,就要走。"小草的平静让命运之神良久无语。

忽然,小草惊奇地发现它的身体健壮了很多,它没有了病痛的折磨,它不停地长高,长大,更加强健,更加有活力。小草的朋友来了,大声说:"小草,恭喜你,命运之神终于帮助你了!"

这时命运之神的声音在空旷中清晰地响起:"战胜我的不是小草本身,而是小草执着的人生态度!"

小草的故事告诉我们:执着能够改变命运,执着能够战胜困难。无论生活中还是工作中,只要我们保持一种积极的态度,坚守一份执著的精神,我们就能战胜困难,改写我们的命运。

创新领域也一样:多一份执着心态,我们就多一份取得创新成功的可能,只有执着才能坚守创新。

魔力悄悄话

坚持到底是执着的必备要素,也是创新成功的重要条件。如果失去了这一条件,即使你才识渊博、技能娴熟,也无法成功地获得创新成果。

离创新只有一步之遥

创新成功往往是从坚持最后一秒的时间中得来的。但是很多人往往不懂坚持的意义,在离创新只有一步之遥时放弃努力,半途而废,结果造成了巨大的损失和无法挽回的遗憾。

一艘客轮在海上遇难,有个人在波浪中很幸运地抱住了一根木头,并和木头一起漂到一个荒岛上。他把岛上所有能吃的东西通通都搜集起来,并用木头搭了一个小棚子以储放这些食物,然后他静下心来等待救援的船只。

他每天都爬到岛上的一座小山坡上,向海上张望,却没有等到一艘船的到来。一天,他又去张望,忽然天阴了下来,雷电大作。

他看见自己的木棚的方向冒起了浓烟,于是急忙跑过去,原来是雷电点燃了木棚。

他希望能赶快下一场雨把火浇灭,因为木棚里有他所有的食物啊!可是,直到木棚化为灰烬,也没下一滴雨。

没有了食物,他绝望了,心想这一定是天意,就心灰意冷地在一棵树上结束了自己的生命。

就在他停止呼吸后不久,一艘船经过这里。船上的人来到岛上,船长看到灰烬和吊在树上的尸体,明白了一切。他对船员们说:"这个可怜的人没有想到失火后冒出的浓烟会把我们的船引到这里。其实,只要他再坚持一下,就会获救的。"

创新贵在坚持,强大的毅力会使我们创新成功。其实,很多创新的取得不是由才智决定的,而在于我们能否坚持到最后。

探究一些人创新失败的原因,并不是他们没有能力、没有诚心、没有希望,而是他们没有坚持到底的恒心。他们怀疑自己是否有创新的能力,有时他们看中了一个创新机会,以为绝对有成功的把握,但在成功的前一分钟却放弃了,这种人到头来总是以创新失败告终。

一个下定决心就不再动摇的人,无形之中能给人一种最可靠的保证。他做起事来一定肯于负责,一定有创新成功的希望。

因此,我们想创新,就应该遵照已经制订好的计划坚持不懈地去努力,不达目的绝不罢休。

真正发明电灯并使之大放光明的是美国发明家爱迪生。他是铁路工人的孩子,小学未读完就辍学了,靠在火车上卖报度日。

爱迪生是一个异常勤奋的人,喜欢做各种实验,制作出许多巧妙的机械。他对电器特别感兴趣。自从法拉第发明电机后,爱迪生就决心制造电灯,为人类带来光明。

爱迪生在认真总结了前人制造电灯的失败经验后,制订了详细的试验计划,分别在两方面进行试验:一是分类试验多种不同耐热的材料;二是改进抽空设备,使灯泡有高真空度。他还对新型发电机和电路分路系统等进行了研究。

为了研制电灯,爱迪生在实验室里常常一天工作十几个小时,有时连续几天做试验。

试验了100多种材料,没有找到合适的;

200多种,没有找到合适的;

600多种,还是没有找到合适的;

1 000种,还是没找到;

1 500种,仍然没有找到;

然而在第1 600多种的时候,他终于找到了:碳丝适合用来作灯丝!他把一截棉丝撒满碳粉,弯成马蹄形,装到坩埚中加热,做成灯丝放到灯泡中,再用抽气机抽去灯泡内的空气。电灯亮了,竟能连续使用45个小时。就这样,世界上第一批碳丝的白炽灯问世了。

1879年伊始,爱迪生电灯公司所在地洛帕克街灯火通明。爱迪生碳丝电灯的发明,使黑暗化为光明,使大千世界变得更光彩夺目、绚丽多姿。

试想,假如爱迪生遇到失败便灰心、气馁,甚至放弃,没有顽强的毅力,没有坚持到底的决心,那么电灯的出现还不知要推迟多少年。

在创造事业的过程中,越是困难的时候越需要坚持不懈的精神。很多时候,创新机会的获得就在于再坚持一下。如果爱迪生没有坚持到底,在试验了 1 500 种甚至 1 600 种材料的时候放弃了,那么他能发明出用碳丝做灯丝的电灯吗? 显然是不可能的。历史上的种种发明创造告诉我们,创新者的特征就是:绝不因受到任何阻挠而颓丧,只盯住目标,勇往直前,坚持到底。

在创新的道路上,我们应该时刻保持坚持到底的执着心态。请相信,创新就在于再坚持一下。

魔力悄悄话

人生总有低潮,失去希望的人会因此失去信念,把自己击垮;而执著努力的人能够转移和排遣痛苦,迎接光明的到来。其实成功与否只在于能否再多坚持一下。

创新要放低姿态

空杯的心态就是归零、谦虚的心态,简单说就是重新开始。

人们常常有这样一个疑问:第一次成功相对比较容易,而第二次却不容易了。这是为什么?

你可能有过杰出的才能,做出过多次创新成就,但是当你想要取得更大的成功,取得下一轮新的成功的时候,你一定要有一个空杯心态。**空杯心态就是要我们把以前所有成败得失的包袱扔掉,轻装上阵。**只有具有了这种空杯心态,我们才能快速成长,才能学到更多的成功方法,从而进行新一轮的创新。

有一年,哈佛校长向学校请了3个月的假,然后告诉自己的家人,不要问他去什么地方,他每个星期都会给家里打个电话,报个平安。

校长只身一人去了美国南部的农村,尝试着过另一种全新的生活。他到农场去打工,去饭店刷盘子。在田地做工时,背着老板躲在角落里抽烟,或和工友偷懒聊天,这些都让他有一种前所未有的愉悦。

最有趣的是,最后他在一家餐厅找到一份刷盘子的工作。干了4个小时后,老板把他叫来,跟他结账。老板对他说:"可怜的老头,你刷盘子太慢了,你被解雇了。"

"可怜的老头"重新回到哈佛,回到自己熟悉的工作环境后,觉得以往再熟悉不过的东西都变得新鲜有趣起来,他此后的工作变得更富创新性。

归零的心态让校长今后的工作变得更富创新成效。

从某种意义上讲,当一个人的创新活动遭遇某种阻碍时,可以像哈佛校长那样以内心"空杯"的方式扔下以前的包袱,寻找另一片精神的"后花园",从而唤醒创新的激情和乐趣。

一切从头再来,保持谦虚心态就像大海一样把自己放在最低点来吸纳百川。虚心使人进步,骄傲使人落后。谦虚是人类最大的成就。谦虚能让我们得到他人的尊重。

保持一种空杯心态对于一个人长期的发展至关重要。海尔集团首席执行官张瑞敏说:"我们主张产品零库存,同样主张成功零库存。只有把成功忘掉,才能面对新的挑战。"海尔的年销售额达数百亿元,但张瑞敏从未有过一丝飘飘然的感觉。相反,他时时处处向员工灌输危机意识,要求大家面对成功始终要保持一种如履薄冰的谨慎。正是如此,才有海尔产品的不断创新与进步。

创新成就仅代表过去,如果一个人沉迷于以往成功的回忆,那他将很难做出下一个创新。对于有远大志向的追求者来说,创新永远在下一次。

人们问球王贝利哪一个进球是最精彩、最漂亮时,他的回答永远是"下一个"! 冰心说:"冠冕是暂时的光辉,是永久的束缚。一个人只有摆脱了历史光辉的束缚,才能不断地向前迈进。"

空杯心态,其实就是一种虚怀若谷的精神。有了这种精神,人才能够不断进步,不断走向新的成功。保持空杯心态,我们才能不断发展,不断创造新的辉煌。

魔力悄悄话

空杯心态是一种谦虚的心态。它让我们以一种更加纯粹的方式去生活。正如我们要喝一杯咖啡,就必须把杯子里的茶先倒掉,否则把咖啡加进去之后,就茶也不是,咖啡也不是,成了四不像。

空杯能盛更多的水

一个杯子若装满了水,稍一晃动,水便会溢出来。同样,如果一个人心里装满了骄傲,便再也容纳不了新知识、新经验和别人的忠言了。长此以往,他的事业或者止步不前,或者受挫。古人云"满招损,谦受益",这其实就是要求人们有一种空杯心态。

文艺复兴时期的大师达·芬奇在《笔记》中感叹道:"微少的知识使人骄傲,丰富的知识则使人谦逊;所以空心的禾穗高傲地举头向天,而充实的禾穗低头向着大地,向着它们的母亲。"谦逊就像跷跷板,你在这头,对方在那头。只要你谦逊地压低了自己这头,对方就高了起来。

爱因斯坦是科学界的泰斗,有一次他的学生问他:"老师的知识那么渊博,为何还能做到学而不厌呢?"爱因斯坦很幽默地解释道:"假如把人的已知部分比做一个圆的话,圆外便是人的未知部分,所以说圆越大,其周长就越长,他所接触的未知部分就越多。现在,我这个圆比你的圆大,所以,我发现自己尚未掌握的知识自然是比你多,这样的话,我怎么还懈怠得下来呢?"正是由于这种空杯心态,爱因斯坦从不认为自己是一个伟人,他在科学的道路上孜孜不倦地探索,做出了很多造福人类的创新发明。

"空杯"是一种积极崇高的品质。如果妥善运用,就能够使人类在物质上和精神上不断地提升与进步,取得更大的创新成就。

西方哲学家卡莱尔说:"**人生最大的缺点,就是茫然不知自己还有缺点。**"因为人们只知道自我陶醉,一副自以为是、唯我独尊的态度,殊不知这种态度会遭到多数人的排斥,使自己处于不利地位。

谦虚是空杯心态的一种表现。谦虚是人性中的美德,也是让人不断取得更多创新进步的要领。

如果你想获得创新,谦虚就是必要的品质。在你到达创新的顶峰之后,你会发现谦虚更重要。只有谦虚的人才能得到智慧,聪明的人最大的特征是能够坦然地说"我错了"。真正的谦虚是自己毫无成见,思想完全解放,不受任何约束,对一切事物都能做到具体问题具体分析,采取实事求是的态度正确对待,对于来自任何方面的意见都能听得进去,并加以考虑。这样的人能做到在成绩面前不居功,不重名利;在困难面前敢于迎难而上,主动进取。这样的人才能从零开始,学到更多的知识,从而有利于创新。

空杯心态是通往创新之路必备的心态。没有空杯心态,我们就会太过自满,以致不想去面对今后的挑战。没有空杯心态,我们就不善于发现,不会去探索新的领域,进行另一轮创新。如果不能保持空杯心态,我们就不敢承认错误,找出解决问题的方法,重新开始。

人生有涯,知识无涯。不管你多有才能,曾经有多么辉煌的成绩,如果你一味沉溺于对昔日表现的自满当中,那么学习就会受到阻碍。要是没有终身学习的空杯心态,不能不断学习各个领域的新知识,不断开发自己的创造力,你终将丧失自己的创新力。因为,一旦拒绝学习,创新力就会迅速贬值,所谓"不进则退",转眼之间你就会被时代淘汰。

魔力悄悄话

一颗空杯的心是自觉成长的开始,也就是说,在我们承认自己并不知道一切之前,是不会学到新东西的。许多年轻人都有这种通病,只学了一点点就自以为已经学到一切,自以为是万事通。倘如此,何谈创新?

永不满足的创新

如果把创新成果比喻成海滩上那些零星散布的贝壳，那么只有那些低下头、弯下腰、放低自己位置的人才有拾得贝壳的可能。

无论你的学识多么深厚，无论你的经验多么丰富，不放低自己的位置，你永远摘取不到布满脚边的创新成果。下面这个故事可以给我们这种启示。

这是美国东部一所大学期终考试的最后一天。在教学楼的台阶上，一群工程学高年级的学生挤成一团，正在讨论几分钟后就要开始的考试。他们的脸上充满了自信。这是他们参加毕业典礼和工作之前的最后一次测验。

一些人在谈论他们现在已经找到的工作，另一些人则谈论他们将会得到的工作。带着经过4年的大学学习所获得的自信，他们感觉自己已经准备好了，并且能够征服整个世界。

他们知道，这场即将到来的测验将会很快结束。因为教授说过，他们可以带他们想带的任何书或笔记。要求只有一个，就是他们不能在测验的时候交头接耳。

他们兴高采烈地进入教室。教授把试卷分发下去。当学生们注意到只有5道评论类型的问题时，脸上的笑容更加灿烂了。

5个小时过去了，教授开始收试卷。学生们看起来不再自信了，他们的脸上是一种恐惧的表情。没有一个人说话。教授手里拿着试卷，面对着整个班级。

他俯视着眼前那一张张焦急的面孔，问道："完成5道题目的有多少人？"

没有一只手举起来。

"完成4道题的有多少？"

仍然没有人举手。

"5道题？2道题？"

学生们开始有些不安，在座位上扭来扭去。

"那1道题呢？当然有人会完成1道题的。"

但是整个教室仍然很沉默。教授放下试卷，"这正是我期望得到的结果。"他说，"我只想给你们留下一个深刻的印象，告诉你们，即使你们已经完成了4年的工程学习，关于这项科目仍然有很多的东西你们还不知道。这些你们不能回答的问题是与每天的普通生活实践相联系的。"然后他微笑着补充道："你们都会通过这门课程，但是记住——即使你们现在已是大学毕业生了，你们的教育仍然只是刚刚开始。"

这是一次难忘的毕业考试。虽然在时间的流逝中，教授的名字已经渐渐被人们淡忘，但所有参加那次考试的毕业生都牢牢记住了教授那意味深长的话。

有很多学生，包括本科生、硕士生和博士生，都自以为是天之骄子，理所应当拥有一个锦绣前程。以为进了大学，拥有了专业知识，就能够为社会、为自己创造相应的价值。

毕业后，他们以一种高姿态走进社会。但残酷的现实环境明确地告诉他们，学校里所学的专业文化知识不足以让他们在如今激烈的市场竞争状态下顺利地生存与发展。

有许许多多毕业生进入社会以后，很难认清自我，很难找到相应的位置，很难在一个岗位上较长期地发展，更别提在工作中有所创新、有所成就了。

这些都值得我们深思。一个人在社会当中的生存与发展，到底靠的是什么？

难道就是学校里所学的专业知识吗？当然不是！

如果我们想很好地在社会上生存，仅凭薄弱的课本知识是不够的。对我们来讲，走进社会后最重要的就是要放低自己的位置，用归零心态去面对社会与工作，这样才能取得更大的成就。

如果想在生活、工作中有所创新，那么我们更应该放低自己的心态，不断学习创新的知识，不断学习创新的方法，不断积累创新的智慧。只有这样，我们得到的创新成果才会更多。

其实,不仅仅是大学毕业等于零,人生处处可为零。一个新的工作,一个新的领域,都需要我们抱着一颗归零心态,努力学习新的知识。这样我们才能够不被时代抛弃,不断走向人生的前方。

魔力悄悄话

人生每一阶段的结束都意味着下一阶段的开始,在人生每个阶段总有无数的东西要我们去学习。学习如此,创新亦如此。一个创新成果的取得,也意味着下一个创新任务的开始。只有放低自己的姿态,才能做到成功不息、创新不止。

会学习才会创新

许多人以为,学习知识只是青少年时代的事情,自己已经是成年人,并且早已走上社会了,因而没有必要进行学习。这种看法乍一看似乎很有道理,其实是不对的。在学校里自然要学习,难道走出校门就不必再学了吗?在学校里学的那些东西就已经够用了吗?其实,学校里学的知识十分有限,工作中、生活中需要的相当多的知识和技能是课本上所没有的,老师也没有教给我们。而且想在工作或生活中创新需要具备的东西还很多,这些东西完全要靠我们在实践中边摸索边学习。

在知识经济迅猛发展的今天,我们赖以生存的知识、技能时刻都在折旧。在风云变幻的职场中,脚步迟缓的人瞬间就会被甩到后面。根据剑桥大学的一项调查,现在半数的劳工技能在 1～5 年内会变得一无所用,而以前这些技能的淘汰期是 7～14 年,特别是在工程界,毕业后所学的知识还能派上用场的不足 1/4。

近 10 年来,人类的知识大约是以每 3 年增加 1 倍的速度向上提升。知识总量在以爆炸式的速度急剧增长,知识就像产品一样频繁更新换代,使企业持续运行的期限和生命周期受到最严厉的挑战。现代社会越来越明确地告诉我们:培训和学习是我们强化"内功"和发展的主要原动力。只有通过有目的、有计划地培养自己的学习和知识更新能力,不断调整我们的知识结构,我们才能应付这样的挑战,才能开拓自己的创新之路。

因此,虚心用知识打造自己已变成必要的选择,虚心求学才是百战百胜的利器。在社会上奋斗的人的学习必须以积极主动为主,要想在当今竞争激烈的商业环境中生存,要想成为创新型人才并在社会中脱颖而出,我们就必须学会从工作中吸取经验、探寻智慧以及了解有助于提升效率的资讯。

彼得·唐宁斯曾是美国 ABC 晚间新闻的当红主播,他虽然连大学都没有毕业,但是他把事业作为他的教育课堂。在当了 3 年主播后,他毅然决定辞去人人艳羡的职位,到新闻第一线去磨炼,干起记者的工作。他在美国国内报道了许多不同路线的新闻,并且成为美国电视网第一个常驻中东的特派员。后来他搬到伦敦,成为欧洲地区的特派员。经过这些历练后,他重新回到 ABC 主播的位置。此时,他已由一个初出茅庐的年轻小伙子成长为一名成熟稳重而又受大家欢迎的记者。

当今社会,知识、技能的更新越来越快,如果我们不通过学习、培训进行更新,适应性将越来越差,而众多企业又时刻把目光盯向那些掌握新技能、有创新力、能为企业带来经济效益的人,由此,不虚心求学的人将被淘汰。

新世纪的发展已经表明,未来的社会竞争将不只是知识与专业技能的竞争,更是学习能力的竞争。一个人如果善于学习,他的前途就会一片光明。一个良好的企业团队,要求每一个组织成员都是那种迫切要求进步、努力学习新知识而富有创新精神的人。

魔力悄悄话

"活到老,学到老"是我们虚心用知识打造自己的有力武器。这不是一句空口号,而是需要我们认真去执行的。所以,我们每个人都要做到时时刻刻都在学习。因为只有这样,我们才能跟得上时代的步伐;只有这样,我们才能在这个知识更新速度飞快的社会立足,进行创新活动;也只有这样,我们的创新才是真正的创新,才是高水平的创新。

第五章
创新要有好方法

很多人埋怨说自己之所以没有成功,是因为上天没有赐予他一个好机遇。

其实机遇是无所不在的,成功者与失败者的区别在于,失败者缺乏发现的眼睛。

因此,想快速成功,与其复制别人,不如发现并抓住身边稍纵即逝的机遇。

想别人没有想到的,并将想法付之行动,这就是一个出类拔萃的人所要做的。只有永远走在别人前面,想在别人前面,才能拉开与他人的差距,才能使自己的事业走向辉煌。

要勇于标新立异

　　创新型员工与一般员工最大的不同之处,就在于他们没有那些呆板、守旧的思维习惯,所以他们才能突破发展中的种种障碍,一路走向辉煌。

　　要成为一个有创新能力的员工,就要想方设法打破固有的思维定式。

　　20 世纪初,德国一批心理学家进一步发现:不单在运动感知方面有定式,人们的思维方式也在一定程度上受思维定式的支配。

　　人的思维定式对于创造力的发挥影响很大。它容易使我们在思想上产生固定为方式,不再试图突破,只是沉湎其中,因为人都会有一种"熟悉的才有安全感"的感觉,这让我们在思想里形成一种呆板的,一成不变的思维方式,当新问题一出现,我们就会潜意识地去找旧问题和它对号入座,哪怕并没有旧问题与之相似,所以我们经常会走入误区。

　　有一个厂子,常年生产一种汗衫。随着人们生活方式的改变,穿这种老式汗衫的人也越来越少,所以这家厂子汗衫的销路越来越差,几年下来,厂子里积压了不少货。

　　可是,想要转产又明显资金严重不足,甚至连工人的工资都发不出来,工厂已经面临破产的境地。

　　这时,有位年轻的技术员提议在积压的白汗衫后面和前胸上印上一些字,如"朋友,你伤害了我""烦着呢!离我远点!"、"退一步,海阔天空!"、"毛主席万岁!"等这些新潮的词语,再加上汗衫的"老式",这种鲜明的对比会让汗衫别具特色,正符合年轻人求奇求新的心态。这样做,"老头衫"有可能成为"时装衫"。

　　当时厂子里有很多人不看好,认为这只是"旧瓶装新酒",不会有人买,到时候还把本来能穿的汗衫变成废品,简直是一个笑话。

幸好厂长却很看好，于是决定先做出来一小部分投放市场。

很快，一批印有字句的汗衫投放市场了，厂长给它取了一个响亮的名字："文化衫！"

让人惊喜的是，这些"文化衫"很快就销售一空了。

于是，第二批、第三批印着句子的汗衫纷纷上市，一时间，无人问津的汗衫变成了一种时尚，风靡一时。而该厂的积压产品也全都销售一空，当年盈利就达到几百万元。

一个有创新能力的人，往往能够标新立异，出其不意地取得胜利。

一般人都习惯用"锦上添花"的方法来宣传自己的产品，而有时候反其道而行之，更能出奇制胜。

你听说过化妆品产品用丑女打广告的吗？法国著名化妆品公司——香奈尔公司的发展壮大就得益于一次关键性的宣传，而创意则是由一位有创新思维的员工提供的。

刚开始，香奈尔公司是没有什么名声时，产品滞销，公司陷入困境。这时，销售部的一名员工为老板献了一条计策。没过几日，人们在巴黎《日日新闻》上看到了这样一则广告："香奈尔化妆品公司精选 10 名丑女，将于星期六晚上在巴黎大舞台与诸君见面。"

广告刊出后，一时间被传为奇闻，到场参观的人非常多。

帷幕拉开，丑女鱼贯而出。果然一个个都是长得奇丑无比。观众们顿时欷歔声一片，大家无不惊叹："竟然会有这么丑的女人！"

香奈尔女士笑容可掬、神态自如地走上台，她对大家说："为了展示本公司化妆品的功效，请诸位朋友稍等片刻，让丑女们化妆，以谢诸君。"过了一会儿，随着音乐幕布再起，丑女们一个个涂脂抹粉，霓虹灯下竟然是另一番模样，这令场下的观众无不叹服，自此香奈尔公司生产的化妆品在市场上成了畅销货。

因此，要成为一个有创新能力的员工，成为一个创新型人才，我们就要打破固有的思维定式，做到以下几点：

（1）不要盲从他人；

（2）凡事多想自己的主意；

（3）养成多角度观察和评价事物的习惯；

（4）珍惜你的灵感火花；

（5）将创新想法付诸行动。

只有这样，我们才能突破发展中的种种障碍，一路走向辉煌。

魔力悄悄话

　　绝大多数人思考问题的模式和处事的方式，都会受到一定的思维定式的影响。什么是思维定式呢？就是用固定的习惯性思维去思考问题。德国心理学家乔格·埃利阿斯·缪勒和舒曼将这一现象称为"运动的定式"。

如何走在别人的前面

当我们的创新想法总是能超出别人的想象时，那么我们就会远远走在别人前面。这样，我们与别人将不只是几步的差距，而可能是几千步的差距。

一流员工做别人想不到的；二流员工做别人想到的；三流员工原地踏步。

美国纽约是世界金融中心，而华尔街更是纽约金融界的晴雨表，它是美国经济繁荣的象征。

华尔街的真正大佬就是约翰·皮尔庞特·摩根，发展至今，摩根财团已经是有百年历史的世界富豪。

虽然世界经济几度风云变幻，但是摩根财团却始终巍然屹立，其地位从未发生过动摇。摩根财团有这样的地位，应该首先归功于它的创始人——摩根，因为他，摩根财团才得以叱咤风云，才拥有了今天的富贵荣华。

当时美国产业界最重要的运输手段就是铁路，摩根看到了这一点，于是他开始一步步地进军铁路，这让他不仅赚到了巨额的财富，而且也为自己赢得了伦敦和美国金融界的信任与肯定。

19世纪后期，铁路的发展速度非常迅速，但也存在着较为严重的问题。重复建设，各个铁路之间的难以衔接，这些造成了人力、物力、财力的浪费。高瞻远瞩的摩根意识到这样发展下去是不行的，他决心对铁路行业进行一次大的整合，从而彻底实现了对铁路业的"垄断"。他说服了铁路巨头搁置恶性竞争、化解纠纷。接着，又趁经济萧条时期铁路公司大量倒闭之机，对几大铁路运营机制进行了重新规划。

为了实现对破产铁路企业的控制，摩根组建了一个专门对债权人负责的信托委员会。委员会由四五个人组成，实际的控制权则在摩根一人手中。

就这样，他用这种别人根本从未想过的办法，开创了一个全新的体制。

这就是后来所谓的"摩根化体制"。

很多伟大的商人，他们拥有着超越一般人的想象力，尤其在金钱上面他们有着特殊的敏锐和精细。

日本有一位成功的企业家大原总一郎，他常常能够力排众议出奇制胜，他的成功秘诀来自父亲给他的一句话："一项新事业，在 10 个人当中，有一两个人赞成就可以开始了；有四五个人赞成时，就已经迟了一步；如果有七八个人赞成，那就太晚了。"

可见，一切商机都孕育在先见之中，真正赚到大钱的人都做在别人之前。那些总是跟着别人走，缺乏独创性和思维的人总是赚不到钱的。而摩根正是一位充满着想象力的人，他总是保持着对商机的敏感，甚至在简单的对话中就可以想到绝佳的时机。

所以，当我们的创新想法总是能超出别人的想象时，那我们就会远远走在别人前面。

魔力悄悄话

想别人没有想到的，并将想法付之行动，这就是一个出类拔萃的人所要做的。只有永远走在别人前面，想在别人前面，才能拉开与他人的差距，才能使自己的事业走向辉煌。

创新要会巧借他人的力量

善于借别人的优势,一样可以突破障碍,达到双赢的效果。

美国"旅店大王"康拉德·希尔顿,正在达拉斯建造一座耗资数百万美元的新旅店,以实现自己的"以得克萨斯州为基地,每年增加一家旅店"的发展计划。但由于资金短缺,逼得他不得不中途下马。

希尔顿便想了一个计策,毅然去找卖给他地皮的达拉斯大商人杜德,并直截了当地告诉杜德:"旅店工程因缺乏资金,已经被迫停工,无法继续了。"

杜德开始不以为然,认为希尔顿没钱盖旅店与自己毫无关系。但想不到希尔顿接着说:"杜德先生,我来找你是想告诉你,旅店停工对我的确不是什么好事,但你的损失会比我更大。"

"我不明白你在说什么?"杜德被希尔顿的话惊呆了,连忙追问道。

希尔顿便向他解释其中的道理:"如果我向公众透露,旅店停工是因为我想换一个地方盖旅店,那么旅店周围的地价必然暴跌。这样的情况显然对你更加不利,你看是不是这样呢?"

杜德想了想,觉得事实确实如此。于是,共同的利益使杜德不得不同意希尔顿提出的要求:由杜德出钱将那家旅店盖好,然后交给希尔顿,待赚了钱后再分期偿还杜德的借款。

结果,由商人杜德出钱盖成的达拉斯希尔顿大旅店终于如期建成营业了,这使希尔顿的"旅店王国"又向前迈进了一大步。

生意场上存在着大量一损俱损,一荣俱荣的"共生""双赢"关系,运用得好,就能用别人的力量帮助自己渡过难关。

洛维格小时候,向父亲借钱买了一艘搁置很久的柴油机动力船,并将它维修好,承包给别人。结果,他不但还清了父母的钱,自己还获利500美元。

这件事给小小的洛维格以很深的影响，让他明白了"借"对于一无所有的人的重要性。这一点在他以后创建自己的事业时屡试不爽。

到了而立之年的洛维格，总是债务缠身，常常挣扎在破产边缘的困境里。他很想有一番作为，但是这时的他却没有足够的资金。于是他产生了一个奇异而超常的想法来"借钱生财"。

因为没有担保人的原因，洛维格没办法从银行贷款，于是洛维格将自己唯一的一艘老油轮租给了石油公司。这样他"借"着石油公司良好的信誉，从纽约大通银行"借"了一笔数目可观的贷款。

有了贷款后，洛维格就买了一艘自己想要的货轮，然后加以改装，强化了它的航运能力。有了新油轮之后，洛维格没有去运营它，而是将其包租出去，自己收取租金，然后再借一笔款子，去买更好一些的船……洛维格的事业就这样一步一步地扩大了。每当他还清一笔款子时，就会有一艘油轮成为他的个人财富。就这样，洛维格拥有的船只越来越多，谁也想不到他当初只是一个不名一文的船老大。

最终，洛维格成了世界上吨位最大的 6 艘油轮的主人，而他同时还在做着旅游、房地产和自然资源开发等行业的生意。

"好风凭借力，送我上青云"，聪明的商人都知道"借势"的妙处。如果认准了形势却又因为自身力量太单薄，没有足够的资金运营时，就要毫不犹豫地借势。

图德拉一直想做一番事业，他想到了经商，于是他先到了阿根廷，了解到那里牛肉生产过剩，但石油制品紧缺，他就同有关贸易公司洽谈业务。图德拉说："我愿意购买 2 000 万美元的牛肉，但条件是，你们向我购进 2 000 万美元的丁烷。"图德拉提出的条件正是投其所好，买卖意向很快确定下来。

他接着来到西班牙，对一个造船厂提出："我愿意向贵厂订购一艘 2 000 万美元的超级油轮。"那家造船厂正为没有人订货而发愁，当然欢迎。图拉德提出条件，说："但你们得购买我 2 000 万美元的阿根廷牛肉。"牛肉是西班牙居民的日常消费品，于是双方又签订了一项买卖意向书。

图德拉到中东地区找到一家石油公司说："我愿意购买 2 000 万美元的丁烷。"石油公司见有大生意做很愿意。图德拉又不失时机地提出了自己的条件，说："你们的石油必须包租我在西班牙建造的超级油轮运输。"石油公司也答应了并签订了意向书。就这样，图德拉没有花一分钱就做成了三笔很多人羡慕的大生意。而图德拉最终的利润就是免费获得了一艘油轮，而且打开了做自己事业的渠道。利用信息，借用别人的资源，使各方取得需要的东西，从中获取巨利，这就是图德拉的无本经营之术。

世界上许多精明的富翁都是靠"借"致富的。因为他们善于借别人的智慧和金钱来突破障碍，铺设自己的成功之路，并达到双赢的效果。

魔力悄悄话

俗话说："一个篱笆三个桩，一个好汉三个帮。"我们每个人都不是三头六臂，就算再有才能，但能力和精力毕竟是有限的。很多时候，我们在做某件事情时，光靠个人的努力是不够的，我们还需要他人的帮助。懂得借力使力，巧妙地运用这一点，你就会在别人的推波助澜之下逐渐向成功的彼岸靠近。

买卖的创新

在这个消费多样化、分层化的时代,卖出产品并不显得特别重要,因为品牌的竞争,在社会上已经滋生出了一些追求内心体验而非产品本身的文化消费。

比如"喊"出"不走寻常路"口号的美特斯·邦威,他们的产品专门针对处于叛逆时期的青少年,特别聘请年轻人推崇的歌手周杰伦为品牌代言人。但美特斯·邦威开始时并不是"酷"文化。

创造美特斯·邦威的老板周成建出生在浙江青田的小山村里。小时候非常贫穷的周成建,14岁那年家里买了一台缝纫机,自学缝纫成了一名小裁缝,同时"倒卖"服装用的纽扣等一些小商品。1985年,20岁的周成建只身一人来到温州市,在妙果寺市场租了一个摊位,前店后厂制作服装销售。在那里,他成功地赚到了"第一桶金",到了1993年他已经成为身价四五百万元的"款爷"了。

接着,周成建用所赚的钱注册了美特斯·邦威公司,专门制作销售休闲服装。周成建在经营实践中探索出一条真理——"生产产品不是最重要的",于是他创建出一条"虚拟经营"的企业之路。也就是说,美特斯·邦威的产品都是"转包"给温州其他千千万万的加工厂来生产的,而周成建的公司主要是打造美特斯·邦威的品牌形象。在美特斯·邦威实行"外包"的环节中,加盟销售和成衣生产是100%外包。而销售门市分两种,一种为直营店,一种为加盟店,它在全国拥有直营店和加盟店共计2 211家,其中加盟店1 927家,占87%,直营店只有284家。

10多年过去了,周成建创建了自己年销售额接近20亿元的"王国",使美特斯·邦威现在是中国规模最大的休闲服饰品牌之一,而他也实现了多年来亿万富翁的梦想。

美特斯·邦威的成功给我们提供了一条创新思路，那就是卖产品有时不如卖概念。其实国际很多的大品牌都已经走向了文化概念销售之路，如2004年IBM把全球笔记本电脑业务以12.5亿美元卖给联想之后，多年来一直主推"随需应变""智慧地球"等概念，而财报的数据说明了一切：截至今年6月30日的三个月内，IBM一共收入232亿美元，比去年同期的268亿美元有所下降，可是利润却提高了：从27.6亿美元变成了31亿美元。也就是说，金融危机对IBM的影响似乎并不是太大。这大概就是做概念和做产品的差别。

1938年4月1日，雀巢公司把雀巢咖啡——世界上第一种只需要用水冲调又能保持原汁原味的100%速溶咖啡产品，正式推向市场。

在雀巢咖啡推出之前，为享受到一杯口味纯正的咖啡，人们同时就得忍受不是费力就是费钱的烦恼。价廉味正的速溶咖啡的推出，省去了人们的烦恼，而且非常便宜，理应很受老百姓欢迎。但事实上，雀巢咖啡在市场上大力推出有5年之久，仍然没有多少人愿意买。这一情况确实很奇怪。

雀巢公司经过一系列的调查发现，他们之所以失败，是因为受到了传统咖啡文化的限制，而和文化碰面肯定要吃败仗。但雀巢公司没有气馁，他们相信，好产品一定会有市场的，只是缺少好的办法。但还没等他们想出办法来，第二次世界大战就爆发了。这对雀巢公司来讲更是雪上加霜，因为雀巢公司当时的主要生产基地——欧洲生产基地，遭受了毁灭性的打击。1939年雀巢公司的利润立即从1938年的2 000万美元猛跌至600万美元。

但是，雀巢公司却必须要活下去！雀巢公司高层做了一个重大的改变："既然我们的雀巢速溶咖啡打不赢传统文化，那么我们就创造出一种新的文化！一种更厉害的文化！"

雀巢公司说服美国政府，使其同意将雀巢公司作为美军的配给物资供应商。于是，作为食品供应的一部分，雀巢速溶咖啡送到了每位美国军人的餐桌上，战争可以毁灭一切，特别是在军队了，没有哪个军人有心情或者有时间慢慢磨咖啡豆，而他们又不得不喝。

这时，雀巢速溶咖啡那保持原汁原味，又方便快捷的优点彻底地体现了出来。没多久，雀巢速溶咖啡就受到了这些美国军人的认可，而且成为他们的最爱。随着盟军的节节胜利，雀巢速溶咖啡开始影响到全世界。战后，那些已经喜欢上雀巢速溶咖啡的大量退伍军人回到家乡，把雀巢速溶咖啡也带回了家乡。就这样,雀巢速溶咖啡迅速成为美国人的"国民饮料",同时也迅速打开了其他国家的市场。

雀巢公司实现了以前的梦想,那就是创造出一种新的文化,来击败传统的文化。结果当然是大获其利。到现在,雀巢速溶咖啡已经深入人心,畅销一百多个国家,全世界每天要喝掉三亿多杯雀巢速溶咖啡。

魔力悄悄话

一流的企业卖的是概念,只有三流的企业才卖产品。在现代商业社会中的竞争,已经从简单的价格竞争变为品牌的竞争,而更多的企业发现,对产品的创新,从时间和空间上来讲越来越有限,而文化创意却能够经久不衰。

创新就要抓住身边的机遇

很多人埋怨说，自己之所以没有成功，是因为上天没有赐予他好的机遇。其实机遇是无所不在的，成功者与失败者的区别在于，失败者缺乏发现的眼睛。因此，想快速成功，与其复制别人，不如发现并抓住身边稍纵即逝的机遇。

周磊曾是一名贫困大学生，他从当"倒爷"开始，成就了自己创业的梦想。2000年，周磊考上了哈尔滨工业大学。因为家里凑不出学费，他开始考虑自己挣钱。

受到宿舍推销随身听的学长的启发，周磊开始谋划在校园里推销商品，他很快找到了两处小商品批发城。在休息日，他走遍了那两个批发城，仔细对比了很多随身听的性能、质量和价格，用批发价买到了一批随身听。随后，他把随身听拿到学生宿舍做了第一笔生意，净赚了300元。这次的赚钱经历让周磊开始留心做生意的机会。课余时间，他特别注意观察同学们在使用什么样的消费品，然后就到市场去批发来，以有优势的价格卖给同学们。

就这样，周磊开始策划自己的创业之路。他认真研究了不少大学生创业的故事，并从中吸取经验和教训。为充实自己，周磊还留心地看了一些法律、心理学、市场动态、公关营销等方面的书籍。他认为，当初搞推销、倒卖纯属个人行为。要创业最好还是先融入企业，先到有发展前景的企业中去体验，这样才能在创业中发挥自己的创造性。

因此，在课余时间周磊不但做推销、做策划，还为一些公司做市场调查。在这些社会实践中，他不但积累了经验，还提高了业务能力。

2002年，周磊坚定了创业的信心。他找到两个有同样梦想的同学，成立了一个校园信息服务中心，并将中心定名为"三人行"，开展了介绍家教、校园活动策划、产品展示、市场调查以及小网站建设等业务。

2002 年 9 月，"三人行"给学生宿舍里装电话机的业务取得了很大的成功。渐渐地，周磊开始不满足于校园里的小打小闹，产生了到社会中闯一闯的念头。于是，他们的业务又开展到社会上。由于他们的眼光敏锐独到，一次服装生意让他们大赚了一笔。到 2003 年 8 月，"三人行"已经拥有了 50 余万元的资本，准备正式注册成立公司。几经周折，这个由在校大学生创办的公司——三人行信息通信有限公司正式成立了。

周磊的创业从学校到社会，而他也由一个穷学生到成立了自己的公司。他的成功经验就是发现和抓住身边的机遇，而这就是创新，在别人没有注意到的地方发现了"金矿"。

其实，善于抓住身边的机遇，不仅仅针对那些白手起家的人，一些成名的大企业的老板们为了发展，也往往从自己身边寻找创新的机遇。"好风凭借力，送我上青云"，聪明的商人都知道"借势"的妙处。如果认准了形势却又因为自身力量太单薄，没有足够的资金运营时，就要毫不犹豫地借势。

王传福 1966 年 2 月 15 日出生于安徽，人称"技术狂人""汽车狂人"。他以财富 396 亿元成为 2009 年中国首富，其财富较 2008 年增加了近 300 亿元，排名从 2008 年的 103 位上升到 2009 年的第 1 位，上升速度堪比火箭。这是为什么呢？与国内很多企业盲目追求现代化，往往不切实际地花大价钱引进国际领先水平的生产线相比，王传福从头到尾都是自主开发研制产品。

王传福直接介入供应商的材料开发环节，利用比亚迪强大的科研能力，共同制订降低成本的方案。如镍镉电池需用大量的负极制造材料钴，如果进口国外性能较好的钴，成本极高。于是，比亚迪与深圳某公司合作，在明确了国内外钴的品质差距之后，制订了提高国产钴品质的详细方案，终于使国产钴达到了国际品质要求，同时较国外产品成本低 40%。由于负极材料应用极广，比亚迪仅此一项，一年就可以节省数千万元。

王传福也改变了中国企业家的形象。那些在全球产业分工链条上苦苦挣扎，为了获得一份低端打工仔职位而不断压低身份，不惜血本甚至自相残杀的人群中，终于走出来一位"技术派"的领军人物，以拆解跨国公司的技术壁垒为己任，狂热追求技术创新，并组织起了一支真正能征善战的本土化的技术研发和制造队伍。

创新力——江山代有才人出

你把人仅仅看做劳动力,他就只能打工;而你把人看做创造者,他就是设计师。比亚迪的企业战略,其实从根本上就是要破除中国人力资源只能走廉价、低端路线这一迷信。在王传福看来,中国工程师的创造力是最棒的,因为他们总是工作在前,享受在后。

"我觉得中国企业家很幸运,上帝照顾了我们,把这么优惠的东西放到我们这边来。而我们过去只懂管工人,不懂怎么把工程师组织起来。"他强调,利用好中国的高级人才和低级人才,让其淋漓尽致地发挥,才是"中国制造"的真正优势。

王传福从欧美垄断的汽车技术市场中分出一杯羹来,走得很艰难,但是他做到了。他通过主品牌创新,加强技术革新,开发出了身边每一个人的创新潜能,使比亚迪不再做"世界工厂"加工线上的一个链条,走出了一条独立发展的道路。这一条路也正是使王传福迈向成功的重要途径,也是他在世界汽车市场和手机电池市场出奇制胜的源泉。

魔力悄悄话

很多人埋怨说自己之所以没有成功,是因为上天没有赐予他一个好机遇。其实机遇是无所不在的,成功者与失败者的区别在于,失败者缺乏发现的眼睛。因此,想快速成功,与其复制别人,不如发现并抓住身边稍纵即逝的机遇。

创新在于观察与发现

　　财富总是青睐那些头脑精明,能从生活中观察、发现问题的人。只要你愿意发现和解决遇到的问题,它们就会成为你致富的契机,激发你的创新思维,成为你通向成功的大门。

　　有时候只是偶然的发现,也可能变成不凡的机遇。吉麦发明漂白剂完全出于偶然,而这一发现却为她赢得了不小的财富。

　　一天,吉麦太太洗好衣服后,把拧干的衣物放到一边,疲倦地站起来伸伸腰。正在画画的吉麦也下意识地挥了一下手,蓦地,他手上画笔的蓝色颜料竟沾在了洗好的白衬衣上。

　　他太太一面嘀咕一面重洗。但雪白的衬衣因沾染了蓝色颜料任她怎么洗,也仍然带有一点淡蓝色。她无可奈何地只好把它晒干。结果,这件沾染蓝颜料的白衬衣,竟更鲜丽,更洁白了。"呃!这就奇怪啦!沾染颜料竟比以前更洁白了!""是呀!的确比以前更白了,奇怪!"他太太也感到惊异。翌日,他故意像昨天一样,在洗好的衣服上沾染了蓝颜料,结果晒干的衬衣还是和上次一样,显得异常明亮,雪白。第三天,他又试验了一次,结果仍然一样。

　　吉麦把那种颜料称为"可使洗涤物洁白的药",并附上"将这种药,少量溶解在洗衣盆里洗涤"的使用法,便开始出售。普通新制品是不容易推销的,但也许是他具有做广告的才能吧,吉麦的"漂白剂"竟出乎意料地畅销了起来。凡是使用过的人,看着雪白得发亮的洗涤物,无不啧啧称奇,赞许吉麦的"漂白剂"。

　　一经获得好评,这种可使洗涤物洁白的"药"——蓝颜料和水的混合液,就更受家庭主妇的欢迎。

　　而吉麦的无心之过也因为他的善于观察和思考变成了很好的创新产

品,也使他获得了丰厚的财富。其实,在我们的生活之中,遇到麻烦的时候太多太多了,可你有没有想过这里面可是充满了商机呢?

日本狮王牙刷公司的职员加腾信三,为了赶车上班,在刷牙时一着急把牙龈弄出了血。在生气之余,他便和几个同事一起想办法解决刷牙容易伤及牙龈的问题。经过几次的失败后,他们偶然发现在放大镜下,牙刷毛的顶端并不是尖的,而是四方形的。原来问题出在牙刷毛上,如果将其改成圆形的不就行了吗?

试验果然取得了实效,加腾信三便向公司提交了改变牙刷毛形状的建议并迅速被通过。公司将所有的牙刷毛都改成了圆形,而且专门为改进后的狮王牌牙刷做了广告。结果,狮王牙刷极为畅销,持续了十年的辉煌业绩,很快跃居日本全国同类产品销量的前列,占据了30%以上的市场,加腾信三也由职员晋升为科长,后来又荣升为该公司的董事长。

我国农村的一位普通青年,通过观察"屎壳郎"竟然发明出了新式耕作机。1975年8月的一天,四川省汶川县白岩村的青年姚岩松在田里劳动之余,坐在地上休息,意外发现脚下有一只"屎壳郎"正推动着一团比它自身重几十倍的泥土向前爬行。这一现象引起了细心的姚岩松的兴趣,他蹲在地上仔细观察了很久,似乎从中领悟了些什么东西。

第二天一大早,他在山坡上找到一只"屎壳郎",用白线拴了一小块泥土套在这只"屎壳郎"的身上,让它拉着走。奇怪的是,这一小块泥土比昨天的那块要轻,而这个"屎壳郎"却怎么也拉不动。姚岩松接着又找了好几只更强壮些的"屎壳郎"来做同样的试验,情况都一样。由此姚岩松悟出一个道理:拉比推要更费劲,能够推得动的东西可能会拉不动。

姚岩松曾开过几年拖拉机,他早就为在电影上所看到的那些各种各样的耕作机无法在又小又窄、又高又陡的家乡山地上行驶而深感遗憾。这时他联想到:能不能学一学"屎壳郎"推土的功能,将拖拉机的犁放在耕作机机身动力的前面,而把拖拉机的动力放在后面呢?

他很快把自己的想法付诸行动,他把从山上采摘来的茅花秆,一节一节地切断,用茅花秆和小铁丝制作出了一台耕作机模型。3个月过后,姚岩松将耗费了数千元制作的耕作机开进了田里,但它却不听使唤。姚岩松为此苦思冥想,寝食不安。

有一天,他在岷江河畔被一台推土机所吸引,他看出推土机主要是由于机下有履带,因此稳定性强、附着性好。这时他又联想到:耕作机能否也像推土机一样装上履带呢?

几个月过后,姚岩松的第一台"履带式耕作机"终于问世了,但这还不是最后的成功。又经过上百次的试验、改进,直到 1992 年 2 月,他才成功地拿出了第十台"屎壳郎耕作机"的样机。为此,他耗去了全部积蓄,并负债数万元。可令他欣喜的是,他的成果获得了来自全国各地多位专家的肯定,一致认为这种"犁耕工作部件前置、单履带行走的微型耕作机",以推动力代替牵引力,突破了耕作机械传统的结构方式,具有实用性、创造性和新颖性,属于国内首创。

这三个成功故事都有一个共同的特点,它们的主人公都是在平时仔细观察生活,能够从中发现问题并解决问题的人。

魔力悄悄话

财富总是青睐那些头脑精明,能从生活中观察、发现问题的人。只要你愿意发现和解决遇到的问题,它们就会成为你致富的机遇,激发你的创新思维,成为你通向成功的大门。

暗度陈仓的创新方法

有时候做生意直奔主题并不能达到目的,真正的精明之处在于欲取先予,即先给予一定的实惠,如似乎是赔钱甩卖,实际上是"明修栈道,暗度陈仓",在其他产品上找平,甚至赚回了很多的钱。

美国纽约有一家油漆店,生意做得并不理想。这家油漆店的老板特利斯克为了吸引顾客购买油漆,想出了一个主意。

首先他到城市中进行了一番市场调查,确定了一批有可能成为油漆店顾客的人,然后他给其中的500人寄去了油漆刷子的木手柄,并附上了一封商店的商品介绍函,热情洋溢地告诉他们可以凭函来店免费领取刷子的另一半——毛头。结果呢? 只有100多人前来,虽然其中大部分除领走毛头外,也买了油漆,但并没有达到引来大批顾客的初衷。

效果虽然不太理想,但毕竟有一点成绩。怎样吸引更多的顾客前来呢? 特利斯克想,油漆刷子的木柄扔掉并不可惜,它对顾客的吸引力也并不大,顾客为此专门跑一趟未必值得。如果是一把完整的刷子,大部分人就不一定舍得扔掉了。而且如果想买油漆的话,当然会想到赠刷子的油漆店,如果我再稍微降点价,来购买的人肯定会比从前多。于是,他改了一种方法。特利斯克给1000多个有可能成为顾客的人邮寄了油漆刷子,同时也寄去一封有声有色的信:

"朋友,您难道不愿意油漆您的房子,让贵宅换上新装吗? 为此,本店特地赠送您一把油漆用的刷子。并且,我店从今天起3个月内为特别优惠期,凡是手执信函前来我店的顾客,油漆一律8折优惠。敬请别失去好机会。"

这一招儿使许多人对油漆店产生了好感,不久就有700多人到油漆店购买油漆,并且他们都最终成为特利斯克的老主顾。

于是,随着越来越多的人的光顾,油漆店的生意也越来越好,油漆商特利斯克也由此发家致富,成为远近闻名的经销商。

可见，为了达到一定的销售目的，创新自己的经营手段，适当地运用"抛砖引玉"的诱惑技巧，往往能收到良好的效果。

其实这种方法是商家最常用的，他们通过隐藏利润点、迂回赚钱的策略，让顾客感觉得了实惠，钱花得很值，于是痛快地掏腰包，实际上商家早在其他方面赚到了，而且赚得更多。

一条街上两家电影院，由于市场不景气，两家影院的老板都使出浑身解数招揽顾客，顾客自然愿意去花钱少的影院。于是，两家相继推出打折优惠，目的就是把对手击垮，等市场被垄断后再慢慢回调价格。

经过一番明争暗斗之后，路北出了撒手锏，使得路南影院的老板再没有勇气参加竞争了。他们不仅推出了门票最低折扣优惠，并且凡是来影院的顾客每人赠送一包瓜子。看起来，这种生意实在是做不得的，最低门票，还送瓜子，等于说是让人来白看电影啊。路南影院的老板"明智"地结束了竞争。

天上掉馅饼的好事是不能错过的，谁知道什么时候会结束呢？于是路北的影院几乎天天爆满，不仅附近的人来看，住很远地方的人听说这么实惠也来，可以说是一时间声名鹊起。

大家都以为路北影院在挤垮对手之后会恢复原价，没想到这个送瓜子的"赔本买卖"一直坚持了下来。半年多过去了，路北影院的老板买了轿车，换了高级别墅，俨然发了大财的样子。原来的路南影院老板是打算看笑话的，这下百思不得其解，通过多方打探终于弄清了路北影院老板的经营秘诀。

原来路北影院采取低票价又送瓜子自然是不赚钱的，但送的瓜子是老板从厂家定做的五香瓜子，看电影的人吃了瓜子必然会口渴，于是老板便派人不失时机地卖饮料，饮料和矿泉水的销量大增——放电影赔钱、送瓜子赔钱，但饮料却给老板带来了高额利润。

路北影院的老板采用的是声东击西发暗财的策略。其实现在的很多商业策略都已经由明转暗了，其中最显著的就是互联网。我们现在在网上什么信息、资源都可以免费下载，可以免费听歌、看电影、甚至当年靠点卡赚钱的网络游戏也一个个改制为终身免费。然而网络公司却并没有因此而倒闭,相反的,他们都获利匪浅。他们这种迂回包抄,暗度陈仓的发财之道被传统经济学称为"交叉补贴",即先免费送你东西,比如各种服务、手机、打印机等,再通过服务、耗材来赚钱。

魔力悄悄话

这些活生生的事例都告诉我们一个道理,做生意有时候直奔主题并不能达到目的。真正精明的商人都懂得欲取先予的智慧,从其他产品上扳平亏损的同时,赚回更多的利益。

保证创新的顺利实施

当你构建好新的目标和远景后,就要选择合适的方法和手段,这样才能保证创新的顺利实施。

所谓合适的方法和手段,就是指我们一定要根据问题提出相应的解决办法,而这个办法一定要是最有效的。

麦当劳作为世界快餐业的巨头,为人们所熟知,而这个一直被企业界誉为没有国界的"麦当劳帝国"的"国王"便是克维克。

其实,麦当劳也曾经面临过严重的危机,作为领导者的克维克为了解决危机,便很有创意地提出了"走动管理",也就是用 60% 以上的工作时间到各公司、各部门去做调查。

克维克经过深入的调查和思考后发现,公司产生危机的一个重要原因是公司各部门的经理官僚主义严重,习惯于舒服地躺在椅子上海阔天空、指手画脚地在一起聊天,把工作上的许多时间都耗费在了抽烟和闲聊上。

克维克为此寝食不安,苦思冥想,他认为,仅仅靠发几个老生常谈的文件,或者板着脸教训经理们都不是最好的办法。

克维克为了给经理们敲一个警钟,消除他们的惰性心理,想出了一个奇招。他向各地麦当劳快餐店发出了一份紧急指示:

"把所有经理的椅背锯掉!"

并要他们立即执行。

经理们对此大惑不解,但"国王"的态度和指示是非常强硬的,没有任何商量的余地,经理们只好照办。

而他们坐在没有了椅背的椅子上,没一会儿就得站起来走走。终于,他们慢慢悟出了"国王"的苦心,纷纷走出经理办公室,深入基层,仿效克维克开展"走动管理",及时地作出调整和创新,大大促进了公司的生存发展。

克维克的变革措施虽然算不上什么"惊天地,泣鬼神"的壮举,但却非常实用,确实达到了他想要的效果。

其实真正管用的,能够快速通行并产生直观效益的办法,并不在于理论上的高深莫测难于解读,而恰恰是那些看似简单,却行之有效的方法。执行的策略就在于把问题简单化、清晰化、可执行化。比如,你对下属训话说,在工作中一定要发扬主人翁精神、一定要有奉献精神、一定要爱岗敬业,这些只是空洞无用的套话、废话,因为它们毫无具体的指导作用。还不如跟他们说,每天多工作一小时,或者原本一小时做出 10 件的活要他们做出 12 件,并对他们超出既定工作时间和任务的部分给予更高的酬劳。

20 世纪 70 年代末,一个年轻的日本人开了间 20 平方米的小杂货店。由于缺乏资金,店里存货品种不多,生意一直不死不活的。按照当时普遍的经营方式,杂货店一般到夜里 11 点就关门了,这个年轻人也不例外。

一天到了打烊时间,年轻人正忙着清理货架,这时进来几个买东西的人。看到有生意可做,年轻人就多开了 1 个小时来接待顾客,没想到,就在这 1 小时内,他的营业额竟然是白天里的两倍。年轻人发现了商机,于是每天等到别家店关门后,他总是多营业 1 小时。时至 2002 年,他的总营业额竟达到了 1 148 亿日元。

其实,多或者少 1 个小时,对于很多人来说是无所谓的。可以说是非常容易就做到的,毫无技术含量,但就是因为发现多工作 1 小时能产生更多的利润,于是就让这个年轻人不断地做下去,结果由一个原本毫无特色可言的小杂货铺变得日进斗金,可见真正有效的办法是非常简单和明确的。

香港实业家徐峰在广州花园酒店附近投资 200 万港币兴建了一家南海鲜酒家,装扮得豪华气派,雄心勃勃的徐峰先生决心大干一场。然而,事与愿违,酒家开张后生意平平,头 3 个月竟亏损 20 多万港币。

徐峰实在想不通地处闹市的酒店为什么生意如此惨淡。一天,他来到街上散心,偶然间看到马路对面有两家时装店,一家门庭若市,但另一个却门可罗雀。经过观察,他发现,生意兴隆的一家里除了卖高档服装外,还另辟出一片进行特价服装八折或者五折的销售。

徐先生眼前一亮,决定效仿服装店的做法来解决酒店的困境。于是,徐峰的南海鲜酒家不久就推出一项新的优惠，即每日都有一款特价海鲜菜，价格远远低于行市的价格，并在媒体上大做广告。这一招果然灵验，顾客神奇地多了起来。

貌似降低菜价会使酒店亏本，比如一斤基围虾市价要76元，而南海鲜酒家只卖36元。奥妙在于几乎很少有人来了只买一份特价菜，这就使得特价菜亏的钱在别的菜上补了回来。这种"每天一款特价菜"的营销手段，让很多人慕名而来。据统计，单单"美食周"一个月内基围虾就销出4吨，让徐峰一炮走红广州。

魔力悄悄话

手段不分大小，有时只是一些最简单、最普通的策略。其实，人类虽然在科学技术等各个领域都能取得突飞猛进的发展，唯一人的本性是没有什么变化的，所以即使是一些很古老的招数，对于现代人来说都行之有效，因此很多时候不要特意去想什么奇招，一些非常普通的手段，只要行之有效，就能获得大的收益。